Carnegie
卡耐基

人性的优点

经典全集

张艳玲 / 改编

民主与建设出版社
·北京·

© 民主与建设出版社，2021

图书在版编目（CIP）数据

卡耐基人性的优点经典全集 / 张艳玲改编 . —北京：民主与建设出版社，2015.12（2021.4 重印）

ISBN 978-7-5139-0906-8

Ⅰ . ①卡… Ⅱ . ①张… Ⅲ . ①成功心理—通俗读物Ⅳ . ① B848.4-49

中国版本图书馆 CIP 数据核字（2015）第 269713 号

卡耐基人性的优点经典全集
KANAIJI RENXING DE YOUDIAN JINGDIAN QUANJI

改 编	张艳玲
责任编辑	王 倩
封面设计	天下书装
出版发行	民主与建设出版社有限责任公司
电 话	（010）59417747　59419778
社 址	北京市海淀区西三环中路 10 号望海楼 E 座 7 层
邮 编	100142
印 刷	三河市同力彩印有限公司
版 次	2016 年 1 月第 1 版
印 次	2021 年 4 月第 2 次印刷
开 本	710 毫米 ×944 毫米　1/16
印 张	13
字 数	130 千字
书 号	ISBN 978-7-5139-0906-8
定 价	45.00 元

注：如有印、装质量问题，请与出版社联系。

前 言 | PREFACE

　　从来没有哪一个时代的人们像今天这样如此的重视"成功","成功"成为这个时代被使用最频繁的字眼。那么,什么是成功?成功当指成就功业或达到预期的结果。成功当有两个方面的含义:一是个人的价值得到社会的承认,并赋予个人相应的酬谢,如金钱、房屋、地位、尊重等;二是自己承认自己的价值,从而充满自信,并得到幸福感、成就感。成功的含义是丰富的,可惜,在这个时代,很多人过于强调前一种含义,而忽略了后一种意义。而只有造福于社会,获得社会的承认,赢得他人的尊重,才称得上是真正的成功。

　　事实上,成功是一种积极的心态,是每个人实现自己的理想后,自然而然地产生的一种自信和满足心态。

　　成功学的历史很短,只有100多年。这门学科以社会中各种成功现象为研究对象,从中发现规律,并指导人们走上成功之路。当然,成功没有捷径,但是,有了成功学的指导,有志于成功的人士可以少走弯路。这也是自成功学诞生100多年来,一直受到人们关注的原因。

　　戴尔·卡耐基(Dale Carnegie,1888—1955),美国著名的心理学家和人际关系学家,20世纪最伟大的人生导师。他一生从事过教师、推销员和演员等职业,这些职业对他以后的事业都有很大的影响。

　　卡耐基认为,从事有意义的工作,过自己喜欢的生活比赚钱更重要。于是,他在大学时代就开始进行演讲方面的训练,这些训练使他克服了自卑和怯懦，在与不同的人打交道时，他也格外有勇气，有信心。正是在现实中，他认识到人际交往在一个人的一生中有多么重要，他认为，一个人的成功有15%是由于他的技术专长，而85%是靠良好的人际关系和为人处世的能力。经过多年的研究考察，他最终发展出一套独特的融演讲、推销、为人处世、智能开发于一体的成人教育方式，这种方式得到人们的认可，并且不断完善。他开创的"人际关系训练班"遍布世界各地，对数以百万计的人产生了深远的影响。其中不仅有社会名流、军政要员，甚至还包括几位美国总统。

哈佛大学著名心理学家与哲学家威廉·詹姆斯教授说："与我们应取得的成就相比，我们只不过是半醒着，我们只利用了身心资源的一部分。卡耐基因为帮助职业男女开发他们蕴藏的潜能，在成人教育中开创了一种风靡全球的运动。"

卡耐基一生中写了《演讲的艺术》《人性的光辉》《人性的弱点》《人性的优点》《美好的人生》《伟大的人物》《快乐的人生》等多部著作，其中《人性的弱点》一书，是继《圣经》之后世界出版史上第二畅销书。这些著作是卡耐基成人教育实践的结晶，他的思想影响了世界上无数人的生命历程。

《人性的优点》出版于1948年，与《人性的弱点》《伟大的人物》构成卡耐基成人教育班的三种主要教材。这是一本关于如何征服"忧虑"的书。卡耐基认为，忧虑是人类面临的主要问题之一，无论是平凡的人还是伟大人物，都面临着忧虑的困惑，忧虑给人带来的负面影响实在是太大了。为此，卡耐基阅读了曾经面临严重问题的著名人物的传记，从中找出摆脱问题的办法，整理出一整套征服忧虑的原则。这些原则诞生于半个世纪之前，但对于今天的我们，对于处于空前压力下的现代人，也有现实的指导意义。也许，这也正是这本书一直受到读者热捧的原因。

目　录

前言 ·· 1

第一章　生活在此时此刻 ································· 1
第二章　接受最坏的结局 ··································· 15
第三章　忧虑最损害一个人的健康 ······················ 25
第四章　记住这六位诚实的朋友，就能战胜忧虑 ······ 39
第五章　让工作变得更加高效率 ·························· 49
第六章　从工作中找到乐趣 ································ 55
第七章　用忙碌驱逐思想中的忧虑 ······················ 65
第八章　生命太短暂，不要为小事而垂头丧气 ······ 79
第九章　根据概率，不幸很少发生 ······················ 87
第十章　对于无法避免的事实坦然接受 ················ 99
第十一章　让你的忧虑"到此为止" ····················· 115
第十二章　对失眠的恐惧造成的伤害，远远超过失眠本身 ······ 123
第十三章　不要为打翻的牛奶而哭泣 ··················· 131

第十四章　别忽视思想的巨大力量……………………………139

第十五章　不要报复你的仇人………………………………153

第十六章　如果你做了,就不要因为没有感恩而难过…………159

第十七章　如果有个柠檬,就做一杯柠檬水吧………………165

第十八章　战胜抑郁的心魔…………………………………169

第十九章　每天做一件善事…………………………………173

第二十章　如果钱能给别人带来幸福,那就去做吧……………179

第二十一章　帮助别人就是帮助自己…………………………187

第二十二章　自卑并不能解决问题……………………………193

第二十三章　驱逐忧虑的五种办法……………………………197

第一章

生活在此时此刻

"未来"永远只存在于今天,人类获得拯救的日子就是现在,一个总是为未来忧心忡忡的人,只会白白地浪费精力。好好关注一下自己的生活吧,关注你自己生活的每个侧面,养成一个良好的习惯,既不要沉湎于过去的失败中,也不必空想未来,就生活在此时此刻吧,你会感到生活是那么踏实而丰富。

1871年春天，一个年轻人忧虑重重，他是蒙特瑞尔综合医院的一名学生。此时，他对自己的未来充满困惑：怎样才能顺利地通过考试？毕业后该做些什么？该到什么地方去？如何开展自己的事业？怎样才能谋生？

在极度迷茫中，他拿起一本书。他看到了21个英文单词，正是这21个英文单词使他——一个1871年毕业的年轻的医科学生，成为后来著名的医学家，他不仅创建了举世闻名的约翰·霍普金斯医学院，还得到了大英帝国医学界的最高荣誉——牛津大学医学院的讲座教授。另外，英王还授予他爵士的封号。他去世后，记述他一生经历的两卷大书长达1466页。

他的名字叫威廉·奥斯勒。可以说，正是他在1871年春天看到的这21个英文单词，对他的前途产生了巨大影响，并使他度过了无忧无虑的一生。这21个英文单词是汤姆斯·卡莱里写的，内容是："最关键的是，做手边最清楚的事，而不是去看远处模糊的事。"

42年后，一个温暖的春天的夜晚，威廉·奥斯勒爵士在开满郁金香的耶鲁大学校园中，给学生们做讲演。他说像他这样一个人，曾经是4所大学的教授，还出版过一本很受欢迎的书，看上去似乎有着一个"特殊的

头脑"。但事实上,他的一些好朋友都说,他的头脑"非常普通"。

那么,威廉·奥斯勒爵士成功的秘诀是什么呢?

他认为是因为他生活在一个完全独立的今天。

"一个完全独立的今天。"这句话是什么意思呢?

在来这里演讲的几个月前,威廉·奥斯勒爵士乘坐一艘巨大的油轮横渡大西洋。他发现,只要船长在驾驶舱里按下一个按钮,机器经过一阵运转后,船的几个部分就立刻分隔开,成为几个防水的隔舱。"而我们每一个人,"奥斯勒爵士说,"头脑都要比船精密得多,所走的路程也远得多。所以,现在,我想奉劝各位,你们应该像那条大油轮一样,学会控制自己的生活,只有生活在一个完全独立的今天,才能确保航行中的安全。因为在驾驶舱中,每个分隔开的船舱都有用处,按下一个按钮,铁门就会隔断过去——就是那些已经度过的昨天,然后再按下一个按钮,铁门仍会隔断尚未出现的未来。现在,你就非常保险了,因为你拥有全部的今天。你们应该学会埋葬过去,只有傻子才会被它引向死亡之路,同时要将未来紧紧关在门外,就像对待过去那样,过去的负担加上未来的负担,必定会成为今天的最大障碍。好好关注一下自己生活中的每个侧面,养成一个良好的习惯,将前后的船舱统统隔断吧!你们应该生活在完全独立的今天里。"

那么,威廉·奥斯勒博士是否主张人们不应该为明天费心地做准备呢?不,当然不是。他继续鼓励耶鲁大学的学生们:"集中你们所有的智慧和热诚,将今天的工作尽量做得完美,用这种方法迎接未来,无疑是最好的。在一天开始之前,你们应该吟诵这句基督祝词:'在这一天,我们将得到今天的面包。'"

请记住,在这句话中,仅仅要求"今天的面包",并没有抱怨我们昨天吃的面包真酸。也没有说:"噢,天哪,最近的气候非常干燥,我们可能会遭遇旱灾,到了秋天还有面包吃吗?万一我失业,上帝啊!我该怎样才能弄到面包呢?"

不,这句祝词告诉我们,只能要求今天的面包,而且我们能吃的也仅仅是今天的面包。

大师金言

不要总是担心今天我失业了,明天我该怎么办?明天自有明天的面包,关键是要"活在现在"。

多年以前,有个穷困潦倒的哲学家四处流浪。一天,他来到一个贫瘠的乡村,这里的老百姓生活非常艰苦。当人们走上山顶,聚集在他身边时,他说:"不要为明天担心,因为明天自有明天的烦恼,今天的难处留在今天就够了。"这句话虽然只有短短的30个字,但却是有史以来引用次数最多的名言,它经历了好几个世纪,一代一代地流传下来,这句话正是耶稣说的。

但是,很多人都不相信这句话,他们把其视为东方的神秘之物,或当成一种多余的忠告。他们说:"我一定要为明天计划,做好一切准备,为家庭买保险,努力存钱。这样,将来老了就不用担心了。"

一点不假,所有的一切都必须做。但实际上,这句话被译为英文是在300多年前的詹姆斯王朝,那时"忧虑"一词的含义与现在完全不同,它还包括了焦急的意思。在新译《圣经》中,这句话翻译的意思更为准确:"不必为明天着急。"

是的,可以考虑明天,仔细地计划、做准备,但不要着急。

第二次世界大战期间,战斗中的军事领袖必须为下一步谋划,不过,他们绝不能带有丝毫焦虑。厄耐斯特·金恩曾是指挥美国海军的海军上将,他说:"我所能做的,就是为最优秀的人员提供最好的装备,然后给他们布置一些看上去极其卓越的任务,仅此而已。如果一条船开始下沉,我无力阻挡;如果一条船沉了,我也不可能将其打捞上来。与其为昨天发生的问题后悔,不如将时间用在如何解决明天的问题上。更何况,如果我一直为过去的事操心,肯定支撑不了多久。"

不管是面对战争,还是日常的生活,好主意和坏主意的区别在于:好主意能对前因后果反复琢磨,并产生合乎逻辑、具有建设性的计划;而坏主意只能让人紧张,甚至精神崩溃。

亚瑟·苏兹柏格先生是著名的《纽约时报》的发行人,最近,我非常荣幸地拜访了他。在谈话中,苏兹柏格先生告诉我:"当第二次世界大战的战火迅速蔓延到欧洲时,我非常震惊,每日都为前途忧虑不安,最后搞得自己彻夜难眠。虽然我对绘画一无所知,但经常半夜三更地从床上爬起来,找出画布和颜料,准备画一张自画像,为了消除自己的忧虑,我一直坚持画着。一天,我读到一首赞美诗,诗中说:

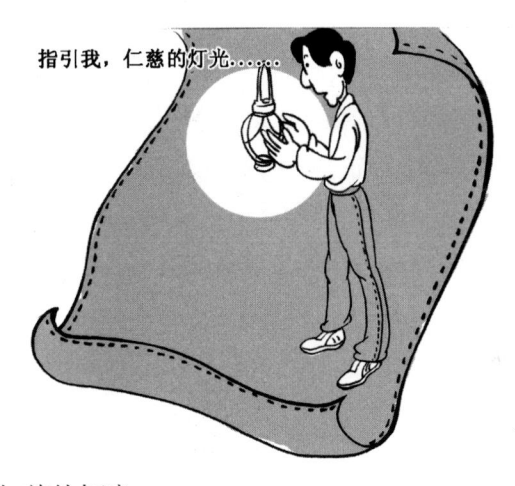

指引我,仁慈的灯光……
让你常在我脚旁,
我并不想看到远方的风景,
只要一步就好了。

就这样,我终于消除了忧虑,平静下来。从此,我将最后 7 个字作为自己的座右铭:'只要一步就好了。'"

大概就在这个时候,有个当兵的年轻人也同样学到了这一课,他的名字叫做泰德·本杰明,住在马里兰的巴铁摩尔城——他曾经忧虑得几乎完全丧失了斗志。

"在 1945 年的 4 月,"泰德·本杰明写道,"我忧愁得患了一种医生称之为'结肠痉挛'的病,这种病使人极为痛苦,若是战争没有在那时候结束的话,我想我整个人就垮了。

"当时我整个人筋疲力尽。我在第94步兵师担任士官,工作是建立和维持一份在作战中死伤和失踪者的人名记录,还要帮助发掘那些在战争激烈的时候被打死的、被草草掩埋在坟墓里的士兵,我得收集那些人的私人物品,要确切地把那些东西送回重视这些私人物品的家人或是近亲手中。我担心我是否能撑得过去,我担心是否还能活着回去把我的独生子抱在怀里——我从来没有见过的16个月的儿子。我既担心又疲劳,足足瘦了34磅,而且担忧得几乎发疯。我眼看自己的两只手变得皮包骨。我一想到自己瘦弱不堪地回家,就非常害怕,我崩溃了,哭得像个孩子,浑身发抖……有一段时间,也就是德军最后大反攻开始不久,我常常哭泣,使得我几乎放弃还能再成为正常人的希望。

"最后我住进了部队医院,一位军医给我的一些忠告,使我的生活彻底改变了,在为我做完一次彻底的全身检查之后,他告诉我,我的问题纯粹是精神上的。'泰德,'他说,'我希望你把你的生活想象成一个沙漏,你知道在沙漏的上一半,有成千上万粒的沙子,它们都慢慢地且均匀地流过中间那条窄缝。除了弄坏沙漏,你跟我都没办法让两粒以上的沙子同时通过那条窄缝。你和我和每一个人,都像这个沙漏。每天早上开始的时候,有很多的工作,让我们觉得我们一定得在那一天里完成。可是我们只能每次做一件事,让他们慢慢而平均地通过这一天,就像沙粒通过窄缝一样,否则就一定会损害到我们自己的身体或精神了。'

"从值得纪念的那一天起,当那位军官把这段话告诉我之后,我就一直奉行着这种哲学。'一次只流过一粒沙……一次只做一件事。'这个忠告挽救了我的身心,对我目前在手艺印刷公司的公共关系及广告部中的工作,也起了很大的帮助作用。我发现,在生意场上也有像在战场上的问题,一次要做完好几件事情——但却没有充足的时间。比如我们的材料不够了,我们有新的表格要处理,还要安排新的资料、地址的变更、分公司的增开和关闭,等等。我不再紧张不安,因为我记住了那个军医告诉过我的话：'一次只流过一粒沙子，一次只做一件工作。'我一再对自己重复这两句话。我的工作比以前更有效率，做起来也不会再有那种在战场上几乎使我崩溃、迷惑和混乱的感觉。"

在目前的生活方式中，最可怕的一件事情就是，我们的医院里大概有一半以上的床位都是保留给神经或者精神上有问题的人的。他们都是被累积起来的昨天和令人担心的今天加起来的重担所压垮的病人。而那些病人中，大多数只要能奉行耶稣的话——不要为明天忧虑，或者是威廉·奥斯勒爵士的话——生活在一个完全独立的今天里，他们就都能走在街上，过上快乐而幸福的生活了。

你和我，在目前这一瞬间，都站在两个永恒的交会点上——已经永远地过去，以至延伸到无穷无尽的未来——我们不可能生活在这两个永恒之中，甚至连一秒钟也不行。如果想那样做的话，我们就会毁了自己的身体和精神。因此，我们就以能活在所能活的这一刻而感到满足吧。"从现在一直到我们上床，不论任务有多重，每个人都能坚持到夜晚的来临。"罗勃·史蒂文生写道，"不论工作有多苦，每个人都能做他那一天的工作，每个人都能很甜美、很有耐心、很可爱、很纯洁地活到太阳下山，而这就是生命的真正意义。"

是的，生命对我们所要求的也就是这些。然而住在密歇根州沙支那城的薛尔德太太，在学到"只要生活到上床为止"这一点之前，却感到极度颓丧和疲惫，甚至于想自杀。"1937年，我丈夫死了，"薛尔德太太把她的过去告诉我，"我觉得非常颓丧——而且几乎身无分文。我写信给我以前的老板利奥罗区先生，请他让我回去做我以前的工作。我从前靠推销《世界百科全书》过活。两年前我丈夫生病的时候，我把汽车卖了，现在我又勉强凑足了分期付款的钱，买了一辆旧车，重操旧业，出去卖书。

"我原想，再回去做事或许可以帮我解脱我的颓丧，可是，一个人驾车、一个人吃饭，这几乎令我无法忍受。有些区域根本就做不出什么成绩来，虽然分期付款买车的数目不大，但也很难付清。

"1938年春天，我来到密苏里州的维沙里市。这里的学校很穷，路也不好走,我觉得成功离自己很远,生活毫无乐趣。每天早上我都不愿意起床,因为新的一天即将来临,而我不想去面对生活,对一切都感到担心害怕。担心没有钱分期付款,担心交不起房租,担心自己会饿肚子,担心身体会被拖垮,而我没有钱看病。面对这种生活,我又孤独又沮丧,甚至想自杀。但我没有自杀的唯一原因是,我担心姐姐会因此而悲痛万分,而且她没有钱给我付安葬费。

"后来有一天,我看到一篇文章,里面有一句令人振奋的话:'对一个聪明人来说,每一天都是新的开始。'我永远永远感激这句话,因为它使我克服了消沉,振作起来继续生活。我将它打印下来,贴在挡风玻璃窗上,只要我开车,就能随时随地看见它。我发现,好好生活一天并不困难,每天清晨,我都告诉自己:'今天又是一个新的开始。'

"当我学会忘记过去、不考虑未来的时候,我成功地克服了曾经有过的孤寂和恐惧,整个人变得快活起来,至于我的事业,还算成功。现在,我对生命充满了热爱,而且,不管再遇到什么问题,我都不会害怕,因为我用不着担心将来,只要做到过好每一天。对一个聪明人来说,每一天都是一个新的开始。"

猜一猜这首诗是谁写的:

这个人很快乐,只有他快乐;

因为他将今天称为自己的一天。

他在今天感到安全,

并说:"明天,不管多么糟糕,我已经过了今天。"

这些话看上去颇具现代意味,不是吗?不过,它们是古罗马诗人柯瑞斯的作品,创作时间是耶稣诞生的30年前。

我觉得,人类最可悲的一件事情是,所有的人都拖拖拉拉,不肯积极地投入生活,他们向往天边奇妙的玫瑰园,但从不欣赏今天开放在窗口的玫瑰花。

我们为什么会变成这种傻子——这种悲惨的傻子呢?

"可怜的傻子!"史蒂芬·里高克写道,"我们生命中的每个历程多么奇特,小孩子总说:'等我长大以后……'可是,长大后又怎么样呢?大孩子常说:'等我成人以后……'结果,等他长大成人,他又说:'等我结婚以后……'结了婚又如何呢?他们的想法变成了'等我退休以后',不过退休之后,当他回头看看自己经历的一切,似乎觉得吹过了一阵冷风,因为他在不知不觉中错过了所有,而这些,全部一去不复返了。我们总是无法尽快明白:生命就是生活中的每时每刻,就是现在。"

大师金言

"生命就是生活中的每时每刻,就是现在。"用心感受今天的快乐,过了今天,明天必将迎来新一天的太阳。

爱德华·伊文斯先生曾经住在底特律城,现在已经去世。他在明白生命就是生活中的每时每刻之前,几乎忧虑成疾,差点自杀。爱德华的家庭非常贫苦,一开始,他以卖报为生,接下来的工作是杂货店店员,但家里

卡耐基人性的优点经典全集

有7口人靠他吃饭,他只好换了一份工作——助理图书管理员,尽管工资少得可怜,他也不敢轻易辞职。就这样过了8年,他终于鼓起勇气,筹足50美元,开创自己的事业。想不到时来运转,一年后净赚了两万美元。但遗憾的是,没多久,他存钱的银行倒闭了,他的全部财产化为乌有,还欠下16 000美元的债务。

他告诉我:"我无法承受这样的打击,整天食不甘味,夜不能眠。我得了一种奇怪的病,一天我走路时,突然昏倒,从此只能躺在床上,身上的肉都腐烂了,以至于躺着都觉得痛苦不堪。医生说,我大约只有两个星期可活了。这个消息让我大为震惊,没办法,只好写下遗嘱,准备等死。到了这种地步,任何担心都是多余的了,于是,我放松下来,休息了几个星期。尽管依然睡不好——每天睡眠不到两小时,但精神十分安稳,那些令我疲倦的忧虑慢慢消失,胃口也好起来。又过了几个星期,我甚至能拄着拐杖走路了。6个星期后,我重新找到一份推销挡板的工作。虽然以前的年薪高达两万美元,但现在这份每周30美元的工作让我很高兴,对过去不再后悔,对将来也不害怕,我将全部的时间和精力都放在目前的推销工作上。"

抱着这种思想,爱德华·伊文斯的事业迅速发展。没过几年,他成为伊文斯工业公司的董事长,从那以后,他公司的股票长期雄霸纽约市场。当你抵达格陵兰时,飞机一般都会降落在伊文斯机场——人们为了纪念他,特意用他的名字而命名的。如果他始终没学会"生活在完全独立的今天",绝不可能如此成功。

在基督诞生前的五百年,古希腊的哲学家赫拉克利特教导他的学生:"除了永恒的法则,任何事情都是可以变化的。"他说:"你不可能两次踏进同一条河流。"

保罗·辛普森曾经长时间地过着忙碌的生活,精神高度紧张,总是不能放松。每天结束工作,回到家里时,总是筋疲力尽、情绪低落。这究竟是怎么回事呢?因为没有人提醒过他:"保罗,你这是在折磨自己,何不放松心情,从容地做事情呢?"

第一章 生活在此时此刻

每天一大早,他都是手忙脚乱,起床、剃须洗脸、穿衣服、吃早餐,一切都慌慌张张,然后又急忙开车去上班。他总是紧紧地握着方向盘,好像不那样做,它就会飞出车窗外。经过一天紧张繁忙的工作后,他又匆忙开车回家,就连上床睡觉,也感觉很紧张。

他也意识到自己这种紧张状态过于失常,于是他去找了一位底特律特别有名的心理专家。心理专家给他的建议是:放松步伐、缓和心态,并且随时提醒自己要放松——不论是在工作、开车、进餐、睡觉的时候,随时都让自己放松。这位专家警告说,不懂得调节放松自己,就等于是在慢性自杀。保罗·辛普森说:

"从那时起,我开始尝试让自己放松一下。每天上床睡觉时,我并不急于入睡,而是调整自己呼吸,并彻底放松身体。第二天早上醒来时,我因为充足的睡眠而觉得神清气爽。这是我最大的转变,我不再像以前那样睡醒后还是觉得疲乏。现在,我开车、吃饭的时候,感觉也很轻松。为了保证安全,我开车时注意力总是非常集中,但现在我不再紧张了。尤其重要的是,我工作时也不再是匆匆忙忙的了,我会在工作一段时间后,有意识地停下来休息一会,看看自己是不是处在放松的状态下;电话铃声响起时,我也不再急忙接听;当和别人交谈时,我也不再紧张,而是让自己像熟睡的婴儿那样放松。这样做的结果如何呢?我发自内心地感觉到了轻松愉快,紧张和忧虑完全从我的生活里消失了。"

河流每时每刻都在变化,人也在变化,人的生活也在变。

今天是唯一的,为什么要破坏今天生活的美好而试图去解决未来的不确定的问题呢?或许没有任何一个人能预知未来。

有个古老的传说,用一句话概括了。事实上,可以用两个词来概括——"享受今天"或者"抓住今天"。是的,抓住今天,充分利用今天。

有个哲学家名叫洛威尔·托马斯,他也有这个想法,最近的一个周末,我是在他的农场里度过的。我注意到他在墙上挂了个镜框,上面写着一句诗:

这是耶和华订下的一天,

我们要高兴,

我们要欢喜。

我的另一位朋友约翰·罗斯金在他的书桌上放了一块石头,石头上只刻有两个字——"今天"。我的书桌上虽然没有放什么石头,也没有把警言挂在墙上,不过我的镜子上倒贴了一首诗,在我每天早上刮胡子的时候都能够看见它——这也是威廉·奥斯勒爵士放在他桌子上的那首诗——这首诗的作者是一位很有名的印度戏剧家——哈里达沙。在此,不妨把它贡献给读者。

向黎明致敬

看着这黎明!

因为它就是生命的源泉,生命中的生命。

在它短暂的时间里,

包含着你的所有幻想与现实,

成长的福佑,行动的荣耀,

还有成功的辉煌。

昨天不过是一场梦,

明天如同一个有希望的幻影,

但生活在美好的今天,

却能使每一个昨天成为一个快乐的梦,

使每一个明天都充满了希望的幻影。

好好看着这一天吧!

你要这样向黎明致敬。

所以,你对于忧虑所应该知道的第一件事就是:如果你不希望它干扰你的生活,就要像威廉·奥斯勒爵士说的那样——

用铁门把过去和未来隔断,生活在完全独立的今天。

为什么不问问自己这些问题,然后写出每个问题的答案呢?

1. 我是否忽略了现在,只担心未来?或者只追求所谓的"遥远奇妙的玫瑰园"?

2. 我是否经常为过去已经发生的事情而后悔,并因那些已经过去、已经做过的事情让现在过得难受?

3. 当我清晨起床时,是否形成了明确的意识——"我要抓住今天",尽量利用这24小时?

4. 如果我真的做到威廉·奥斯勒爵士所说的"活在完全独立的今天",我是否能够从生命中得到更多的东西?

5. 我应该从什么时候开始这么做,下个星期——明天——还是今天?

大师金言

今天包含着你所有的现实和幻想,为那美好的未来,从今天开始行动吧。

第二章

接受最坏的结局

　　心理上的平静能顶住最坏的境遇,能让你焕发新的活力。想一想,最坏的情况又会怎样呢?当你预测了最坏的结局并能坦然接受时,你就迈出了战胜任何不幸的第一步。

你是否想得到一种快速而有效地消除忧虑的灵丹妙药——那种使你不必再往下看这本书之前，就能马上应用的方法？

那么，让我告诉你威利斯·卡瑞尔所发明的这个方法吧。卡瑞尔是一个很聪明的工程师，他开创了空调制造业，现在是位于纽约州塞瑞库斯市的世界闻名的卡瑞尔公司负责人。这是我所知道的消除忧虑的最好方法，是我和卡瑞尔先生在纽约的工程师俱乐部吃午饭时从他那里学到的。

卡瑞尔先生向我讲述道："年轻的时候，我在纽约州巴法罗城的巴法罗铸造公司工作。那时，我必须到密苏里州水晶城的匹兹堡玻璃公司——一座花费好几百万美元建造的工厂去安装一架瓦斯清洁机，以清除瓦斯燃烧留下的杂质，使瓦斯燃烧时不会伤到引擎。这种瓦斯清洁方法是一种新的尝试，以前只试过一次——而且当时的情况很不相同。我到密苏里州水晶城工作的时候，很多事先没有想到的困难都发生了。经过一番调整之后，机器可以使用了，可是效果并不像我们所保证的那样。

"我对自己的失败非常吃惊，觉得好像是有人在我头上重重地打了一拳。我的胃和整个肚子都开始扭痛起来。有好一阵子，我担忧得简直无法入睡。

"最后，出于一种常识，我想忧虑并不能够解决问题，于是便想出一个不需要忧虑就可以解决问题的方法，结果非常有效。我这个抵抗忧虑的方法已经使用30多年了，非常简单，任何人都可以使用。这一方法共有三个步骤：

"第一步，首先，我毫不害怕而诚恳地分析整个情况，然后找出万一失败后可能发生的最坏情况是什么。没有人会把我关起来，或者把我枪毙，这一点说得很准。不错，很可能我会丢掉工作，也可能我的老板会把整个机器拆掉，使投下去的2万美元泡汤。

"第二步，找出可能发生的最坏情况之后，让自己在必要的时候能够接受它。我对自己说，这次失败，在我的记录上会是一个很大的污

第二章 接受最坏的结局

点,我可能会因此而丢掉工作。但即使真是如此,我还是可以另外找到一份差事。事情可能比这更糟。至于我的那些老板——他们也知道我们现在是在试验一种清除瓦斯的新方法,如果这种实验要花他们2万美元,他们还付得起。他们可以把这个账算在研究经费上,因为这只是一种实验。

"发现可能发生的最坏情况,并让自己能够接受之后,有一件非常重要的事情发生了。我马上轻松下来,感受到几天以来所没有经历过的一份平静。

"第三步,从这以后,我就平静地把我的时间和精力,拿来试着改善我在心理上已经接受的那种最坏情况。

"现在,我尽量找出一些办法,减少我们目前面临的2万美元的损失。我做了几次实验,最后发现,如果我们再多花5000美元,加装一些设备,我们的问题就可以解决了。如果我们照这个办法去做,公司不但不会有

17

损失,反而可以赚 15 000 美元。

"如果当时我一直担心下去的话,恐怕再也不可能做到这一点。因为忧虑的最大坏处就是摧毁我集中精神的能力。一旦忧虑产生,我们的思想就会到处乱转,从而丧失作出决定的能力。然而,当我们强迫自己面对最坏的情况,并且在心理上先接受它之后,我们就能够衡量所有可能的情形,使我们处在一个可以集中精力解决问题的状态。

"我刚才所说的这件事,发生在很多很多年以前,因为这种做法非常好,我就一直使用。结果呢,我的生活几乎不再有烦恼出现了。"

那么,为什么威利斯·卡瑞尔的奇妙公式有如此神奇的价值,并且如此实用呢?从心理学上来讲,它能够把我们从那个巨大的灰色云层里拉下来,让我们不再因为忧虑而盲目探索。它可以使我们的双脚稳稳地站在地面上,而我们也都知道自己的确站在地面上。如果脚下没有坚实的土地,又怎么能把事情想通呢?

应用心理学之父威廉·詹姆斯教授在 1910 年就已经去世了,可是如果他今天还活着,听到这个解决最坏情况的公式的话,一定也会大加赞同。他曾经告诉他的学生说:"愿意承担这种情况……能接受既成事实,就是克服随之而来的任何不幸的第一个步骤。"

大师金言

如果脚下没有坚实的土地,又怎么能把事情想通呢?

林语堂在他那本深受欢迎的《生活的艺术》里也说过同样的话。这位中国哲学家说:"心理上的平静能顶住最坏的境遇,能让你焕发新的活力。"

这一说法一点也不错。接受既成事实,在心理上就能让你发挥出新的能力。当我们接受了最坏的情况之后,就不会再损失什么,这也就是

第二章 接受最坏的结局

说,一切都可以寻找回来。"在面对最坏的情况之后,"威利斯·卡瑞尔告诉我们说,"我马上就轻松下来,感到一种好几天来没有经历过的平静。然后,我就能思考了。"

他的说法很有道理,对不对?可是,现实中还有成千上万的人因为愤怒而毁掉了自己的生活。因为他们拒绝接受最坏的情况,不肯由此作出改进,不愿意在灾难之中尽可能救出点东西。他们不但不重新构筑自己的财富,还与经验进行了一次冷酷而激烈的斗争——终于变成我们称之为忧郁症的那种颓丧情绪的牺牲者。

你是否愿意看看其他人怎样利用威利斯·卡瑞尔的奇妙公式来解决问题呢?

好!下面就是一个例子。这是以前我班上的学生——目前是纽约的一位石油商——所经历过的事情。"我被勒索了,"这个学生开始讲述,"我不相信会有这种事情——我不相信这种事情会发生在电影以外的现实生活里——可是我真的是被勒索了。事情的经过是这样的。我主管的那个石油公司有好几辆运油的卡车和很多司机。在那段时期,物价管理委员会的条例管制得很严,我们所能送给每一个顾客的油量也都有限制。我起先不知道事情的真相,可是好像有些运货员减少了我们固定顾客应有的油量,而将偷来的油卖给一些他们的顾客。

"有一天,有位自称是政府调查员的人来看我,跟我索要红包。他说他拥有我们运货员舞弊的证据。他威胁说,如果我不答应的话,他要把证据转给地方检察官。这时候,我才发现公司有这种不法的买卖。

"当然,我知道我没有什么好担心的——至少跟我个人无关。只是我也知道法律规定,公司应该为自己员工的行为负责。还有,我知道万一案子打到法院去,上了报,这种坏名声就会毁了公司的生意。我对自己的事业非常骄傲——我父亲在 24 年前为此打下了基础。

"我非常忧虑,以至于生病了,三天三夜吃不下睡不着。我一直在那件事情里面打转。我是该付那笔钱——5000 美元——还是该跟那个人说,你爱怎么干就怎么干吧。我一直下不了决心,每天都做噩梦。

19

"后来,在礼拜天的晚上,我碰巧拿起一本叫做《如何不再忧虑》的小册子,这是我去听卡耐基公开演说时所拿到的。我开始阅读,读到威利斯·卡瑞尔的故事,里面教我:'面对最坏的情况。'于是我问自己:'如果我不肯付钱,那些勒索者把证据交给地方检察官的话,可能发生的最坏的情况是什么呢?'

"答案是:'毁了我的生意——最坏就是如此,我不会被关起来。所可能发生的,只是我会被这件事毁了。'

"于是,我对自己说:'好了,生意即使毁了,但我在心理上可以接受这点,接下去又会怎样呢?'

"嗯,我的生意毁了之后,也许得去另外找份工作。这也不坏,我对石油知道得很多——有几家大公司可能会乐意雇佣我……我开始觉得好过多了。两天三夜来,我的那份忧虑开始消散了一点,我的情绪稳定下来……让我吃惊的是,我居然能够开始思考了。

"我头脑足够清醒地看出第三步——改善最坏的处境。就在我想到解决方法的时候,一个全新的局面展露在我的面前:如果我把整个情况告诉我的律师,他可能会找到一条我一直没有想到的路子。我知道这乍听起来很笨,因为我起先一直没有想到这一点——当然是因为我起先一直

第二章 接受最坏的结局

没有好好考虑,只是一直在担心的缘故。我马上打定主意,第二天清早就去见我的律师——接着,我上了床,睡得像一块木头。

"事情的结果如何呢?第二天早上,我的律师叫我去见地方检察官,把整个情形告诉他。于是,我照他的话做了。当我说出原委之后,出乎意外地听到地方检察官说,这种勒索的案子已经连续好几个月了,那个自称是'政府官员'的人,实际上是警方的通缉犯。当我为了无法决定是否该把5000美元交给那个职业罪犯,而担心了三天三夜之后,听到他这番话,我真是大大地松了一口气。

"这次的经验给我上了一堂永难忘怀的课。现在,每当面临使我忧虑的难题时,我就把威利斯·卡瑞尔的奇妙公式派上用场。"

如果你认为运用威利斯·卡瑞尔公式也有烦恼,那请听下面这则故事吧。这是他在波士顿斯泰勒大饭店亲口告诉我的,他的名字叫艾尔·汉里。他得了胃溃疡。有一天晚上,他的胃出血了,被送到芝加哥西北大学医学院附属医院。他的病情很严重,医生警告他连头都不许抬。三个医生中,有一个是非常有名的胃溃疡专家,他们说他的病是'已经无药可救了'。他只能吃苏打粉,每小时吃一大匙半流质的东西,每天早上和晚上都要护士拿一条橡皮管插进胃里,把里面的东西洗出来。

最后,他做出了一个决定,一个简单又极好的决定:"既然我只能活很短的时间了,"他说,"我不如好好利用剩下的一点时间。我一直想能在自己死前环游世界,所以如果我还想这样做的话,只有现在就去做了。"于是,他买了票。

医生们都大吃一惊。"我们必须警告你,"他们对汉里先生说,"如果你去环游世界,你就只有葬在海里了。""不,我不会的。"他回答说,"我已经答应过我的亲友,我要葬在内罗毕州我们老家的墓园里,所以我打算把我的棺材随身带着。

"我去买了一副棺材,把它运上船,然后委托轮船公司安排好,万一我死了,就把我的尸体放在冷冻舱里,一直等我回到老家。就这样,我开始踏上旅程,那是充满了奇幻的旅程。"

啊，在我们零落为泥之前，
岂能辜负这一生的娱欢？
物化为泥，永寐于黄泉之下，
没有葡萄酒，没有弦歌，
没有歌女，没有明天。

当然，这并不是一个"没有葡萄酒"的旅行。"我喝高杯酒，抽雪茄烟，"汉里先生在给我的一封信里说，"我吃各种各样的食物——甚至包括许多奇怪的当地食品和调味品。这些都是别人说我吃了一定会送命的。多年来，我从来没有这样享受过。我们在印度洋上碰到季风，在太平洋上碰到台风。这种事情就只因为害怕，也会让我躺进棺材里的，可是我却从这次冒险中得到很大的乐趣。

"我在船上和他们玩游戏、唱歌、交新朋友，晚上聊到半夜。我们到了中国和印度之后，我发现我回去之后要料理的私事，跟在东方所见到的贫穷与饥饿比起来，简直像天堂与地狱之比。我中止了所有无聊的担忧，觉得非常舒服。回到美国之后，我的体重增加了90磅，几乎忘记了我曾患过胃溃疡。我这一生中从没有觉得这么舒服。我回去做事，此后一天也没再病过。"

艾尔·汉里告诉我，他发现自己下意识地应用了威利斯·卡瑞尔的征服忧虑的办法。"但是，我现在才意识到，"他最近平静地告诉我，"那是我下意识地运用了这些完全相同的法则。

首先，我问自己：'可能发生的最坏情况是什么？'答案是：死亡。于是，我让自己准备好接受死亡。我不得不如此，因为没有其他的选择，几个医生都说我没有希望了。我必须想办法改善这种情况，而办法就是'尽量享受我所剩下的这一点时间'……如果我上船之后还继续忧虑下去，毫无疑问，我一定会躺在我自备的棺材里完成这次旅行了。可是我放松下来，忘了所有的忧虑。而这种心理平静，使我产生了新的体力，拯救了我的生命。"

所以，如果你有担忧的问题，并为此忧心忡忡，那么请应用威利斯·

卡瑞尔的奇妙公式,做到下面三件事情:
    1. 问你自己:可能发生的最坏的情况是什么?
    2. 如果你必须接受的话,就准备接受它。
    3. 镇定地想办法改善最坏的情况。

大师金言

    当你真正放松下来,就会忘了所有的忧虑,情况也会随之向好的方向转变。

第三章

忧虑最损害一个人的健康

谁不知道忧虑会使人英年早逝。

——亚历克西斯·卡莱尔

很多年以前的一个晚上,一个邻居来按我家的门铃,要我和家人去种牛痘,预防天花。他是整个纽约市几千名志愿去按门铃的人之一。很多吓坏了的人都排了好几个小时的队接种牛痘。在所有的医院、消防队、派出所和大工厂里都设有接种站,大约有2000名医生和护士夜以继日地替大家种痘。怎么会这么热闹呢?因为纽约市有8个人得了天花——其中2个人死了——800万纽约市民中死了2个人。

到现在,我在纽约市已经住了37年,可是还没有一个人来按我的门铃,并警告我预防精神上的忧郁症——这种病症,在过去37年里所造成的损害,至少比天花要大1万倍。

从来没有人来按门铃警告我:目前生活在这个世界上的人中,每10个人就有1个会精神崩溃,而大部分都是因为忧虑和感情冲突引起的。所以我现在写本章,就等于来按你的门铃向你发出警告。

曾经获得诺贝尔医学奖的亚历克西斯·卡莱尔博士说:"不知道抗拒忧虑的商人都会短命而死。"其实不只商人,家庭主妇、兽医和泥水匠等都是如此。

几年前,我在度假的时候,跟戈伯尔博士一起坐车经过德克萨斯州和新墨西哥州。戈伯尔博士是圣塔菲铁路的医务负责人,他的正式头衔是海湾科罗拉多和圣塔菲联合医院的主治医师。当我们谈到忧虑对人的影响时,他说:"在医生接触的病人中,有70%的人只要能够消除他们的恐惧和忧虑,病就会自然好起来。不要误以为他们都是一时生了病,我的意思是,他们的病都像你有一颗蛀牙一样实在,有时候还严重100倍。我说的这种病就像神经性的消化不良,某些胃溃疡、心脏病、失眠症、一些头痛症和麻痹症,等等。"

"这些病都是真的,我知道我这些话也不是乱说的,因为我自己就得过12年的胃溃疡。"

约瑟夫·蒙塔格博士曾写过一本名叫《神经性胃病》的书,他说过同样的话:"胃溃疡的产生,不是因为你吃了什么而导致的,而是因为你忧愁些什么。"

梅奥诊所的 W.C. 阿尔凡莱兹博士说："胃溃疡通常会根据你情绪紧张的高低而发作或消失。"

他的这种说法在对梅奥诊所的 15000 名胃病患者进行研究后得到了证实。每 5 个人中，有 4 个并不是因为生理原因而得胃病。恐惧、忧虑、憎恨、极端自私，以及无法适应现实生活，这些才是导致他们得胃病和胃溃疡的深刻原因……胃溃疡可以让你丧命，根据《生活》杂志的报导，现在胃溃疡居死亡原因名单的第十位。

我最近和梅奥诊所的哈罗德·哈贝恩博士通过几次信。他在全美工业界医师协会的年会上读过一篇论文，说他研究了 176 位平均年龄在 44.3 岁的工商界负责人。他报告说，大约有 1/3 以上的人因为生活过度紧张而引起下列三种病症——心脏病、消化系统溃疡和高血压。想想看，在我们工商界的负责人中，有 1/3 的人患有心脏病、溃疡和高血压，而他们都还不到 45 岁，成功的代价是多么高啊！而他们甚至都不是在争取成功，一个身患胃溃疡和心脏病的人能算是成功之人吗？就算他能赢得全世界，却损失了自己的健康，对他个人来说，又有什么好处？即使他拥有全世界，每次也只能睡在一张床上，每天也只能吃三顿饭。就是一个挖水沟的人，也能做到这一点，而且还可能比一个很有权力的公司负责人睡得更安稳，吃得更香。我情愿做一个在阿拉巴马州租田耕种的农夫，在膝盖上放一把五弦琴，也不愿意在自己不到 45 岁的时候，就为了管理一个铁路公司，或者是一家香烟公司而毁了自己的健康。

说到香烟，我突然想起一个最知名的香烟制造商。最近，他在加拿大森林中度假，本想轻松一下，但心脏病突然发作，死了。或许，他牺牲了好几年的健康，来换取所谓的成功，在 61 岁时终于拥有几百万美元，但一下就死了。

在我眼里，他的成功远远不及我的父亲——他是密苏里州的农夫，身无分文，却活了 89 岁。

最后，著名的梅奥兄弟宣布："一半以上的病人患有神经病，当我们用最现代的强力显微镜给他们做检查时，却发现，他们的神经多半都非常健

用健康换金钱

康。他们神经上的毛病并非因为身体出现了反常,而是因为悲观、烦躁、焦虑、恐惧、颓丧等情绪。"

柏拉图曾说过:"医生所犯的最大错误在于,他们只治疗身体,对精神却毫无办法。而事实上,精神和肉体是一体的,不能分开处理。"

但是,两千多年之后,医药科学界才明白这个道理。现在,一门崭新的医学——心理生理医学出现了,它可以同时治疗精神和肉体。虽然现代医学已经消除那些由细菌、病毒引起的可怕疾病——它们曾将数不清的人带进坟墓,比如天花、霍乱,等等。但医生仍然无法治疗那些并非细菌感染,而是由于情绪上所引起的病症。令人担忧的是,这种情绪性疾病正日益加重,而且传播速度快得惊人。

据医生们估计:至今健在的美国人中,每20个人中就有一个在某段时期患过精神疾病。第二次世界大战爆发时,有很多年轻人应召入伍,但每6个人中就有一个患有精神失常,不能服役。

第三章　忧虑最损害一个人的健康

造成精神失常的原因到底是什么？至今无人清楚所有的答案，可是，在大多数情况下，极可能都是由恐惧和忧虑造成的。烦躁不安的人多半不能适应生活，他们会逐渐与周围的环境断绝所有的关系，缩回他们自己幻想的世界，希望借此能解决所有的烦恼。

我的桌上有一本书，是爱德华·波多尔斯基博士写的——《除忧祛病》，有几章提醒人们：

忧虑可能影响心脏；

忧虑会导致高血压；

忧虑引起风湿；

为了你的胃，不要忧虑；

忧虑会让人感冒；

忧虑对甲状腺有影响；

忧虑也影响着糖尿病患者。

卡尔·明梅尔博士的《自寻烦恼》是另一本关于忧虑的好书，它没有告诉你避免忧虑的方法，但却指出了一些可怕的事实让你明白，人们是如何用忧虑、烦躁、恼怒、懊悔等情绪来伤害自己的身心健康的。

即便是最坚强的人，忧虑也能让他生病。美国南北战争即将结束的最后几天，格兰特将军发现了这一点。

故事是这样的：当时，格兰特围攻了瑞奇蒙已经长达 9 个月了，李将军率领的部队被打败了，他们饥饿不堪，衣衫不整。有一次，好几个兵团的人开了小差，剩下的人在帐篷内祈祷、哭叫，看到了种种幻象。眼看战争即将结束，李将军的手下几乎崩溃了，他们放火烧了瑞奇蒙的棉花、烟草仓库和兵工厂，在烈焰升腾的黑夜中，他们弃城而逃。格兰特率领部队乘胜追击，从左右两侧和后方夹击南方联军，骑兵从正面截击。由于剧烈的头痛，格兰特的眼睛已经半瞎了，他无法跟上队伍，只好停在一家农户前。

"我在那里过了一夜，"后来，格兰特将军在自己的回忆录中写道，"我把双脚泡在加了芥末的冷水里，并在手腕和后颈上贴着芥末药膏，希望第二天能够复原。"

结果,第二天早上,他果然复原了,但让他痊愈的不是芥末膏药,而是一个骑兵,他带回了李将军的一封信,说他投降了。

格兰特说:"当那个军官带着信来到我面前时,我的头本来疼得厉害,但我看了信之后,马上就好了。"

很明显,忧虑、紧张和不安导致了格兰特生病。一旦看到胜利在望,自信恢复,他的病立刻就好了。

70年后,罗斯福总统的财政部长亨利·摩尔索发现忧虑会导致他头昏眼花。他在日记里写道,为了提高小麦的价格,罗斯福总统下令在一天之内买进440万蒲式耳的小麦,使他感到非常忧虑。他说:"在这件事情没有结果之前,我头昏眼花。回到家里,我吃完午饭以后只睡了不到两个小时。"

假如我想看到忧虑对人会产生什么样的影响,大可不必到图书馆或医院求证。只要从我们现在正坐着的家里朝窗外看,也许就能够看到在另一条街的一栋房子里,有一个人因为忧虑而精神崩溃;另外一栋房子里,有一个人因为忧虑而得了糖尿病——只要股票下跌,他的血和尿里的糖分就会升高。

法国著名的哲学家蒙田当选为家乡的市长时,他对市民们说:"我愿意用我的双手来处理好你们的事情,可是我不想把它们带到我的肝和肺里。"

我的一位邻居却非要将股票市场搞到他的血液里,结果,差点要了他的老命。

如果我想记住忧虑对人会产生什么影响,大可不必去看我们邻居的房子,只要看看我们现在正坐着的这个房间,这栋房子以前的主人就是因为忧虑过度而进了坟墓。

忧虑会使你患风湿症或关节炎而不得不坐进轮椅。康奈尔大学医学院的罗素·西基尔博士是世界著名的治疗关节炎的权威人士,他列举了4种最容易得关节炎的情况:

1. 婚姻破裂。

2. 财务上的不幸和困难。

3. 寂寞和忧虑。

4. 长期的愤怒。

当然，以上几种情绪状况，并非是导致关节炎的唯一原因。但产生关节炎的最"常见的原因"，却正是西基尔博士所列举的这几点。

举个例子来说吧，我的一个朋友在经济不景气的时候，遭到了很大的损失。结果，煤气公司切断了他的煤气，银行没收了他抵押贷款的房子，他太太也突然患了关节炎——虽然经过治疗并加强了营养，他太太的关节炎却直到他们的经济条件改善之后才得以痊愈。

忧虑甚至会使你有蛀牙。威廉·麦克戈尼格博士曾在全美牙医协会的一次演讲中说："由于焦虑、恐惧等因素产生的不愉快情绪，可能会影响到一个人身体内部的钙质平衡，从而容易出现蛀牙。"麦克戈尼格博士还提到，他的一个病人原本有一口非常棒的牙齿，但后来他的夫人得了某种疾病，他开始担心起来。就在她住院的那3个星期之内，他突然有了9颗蛀牙——这些全都是由焦虑导致的。

你是否看见过一个人的甲状腺反应过度？我曾经看过。我可以告诉你，他们会发抖、战栗，看起来就像是吓得半死的样子——而事实上也差不多就是这样的情形。甲状腺的功能是调节生理平衡，一旦反常之后，人的心跳就会加速，整个身体就会亢奋得像一个打开了所有风门的大火炉，如果不动手术或治疗的话，就很可能会送命，很可能把他自己"烧干"。

大师金言

恐惧导致忧虑，忧虑使你紧张，并影响到你胃部的神经，使胃里的胃液由正常变为不正常。因此就容易产生胃溃疡。

31

不久以前,我和一个患了这种病的朋友一同去费城。我们要去拜访一位专治这种病达38年之久的著名专家布拉姆博士。在他候诊室的墙面上,挂着一块大木板,上面写了他给病人的忠告。我把它抄在了一个信封的背面:

轻松和享受

最使你轻松愉快的是,健康的信仰、睡眠、音乐和欢笑。

要相信神,要学着睡得安稳。

喜欢好的音乐,从幽默的一面看待生活,那么,健康和快乐将都属于你。

他问我朋友的第一个问题就是:"你情绪上有什么问题导致你出现这样的情况?"他警告我的朋友说,假如他继续这样忧虑下去,就很有可能会染上其他并发症、心脏病、胃溃疡或糖尿病,等等。这位名医说:"所有这些病症,都互相有关联,它们甚至是很近的亲戚。"这话一点都不错,它们都是近亲——都是由忧虑所导致的疾病。

当我去访问女明星曼勒·奥伯恩的时候,她告诉我她绝对不会忧虑,因为忧虑会毁了她在银幕上的重要资产——她漂亮的容颜。

她告诉我说:"当我第一次开始想要涉足影坛的时候,我既担心又害怕。因为我刚从印度回来,在伦敦一个人都不认识,却想在那里找到一份工作。我去找了几家制片厂,可是没有一个人肯用我。我仅有的一点点钱也慢慢用光了,后来整整两个星期,我只能靠一点饼干和白开水过活。因此那时候我不仅忧虑,还非常饥饿,我对自己说:'也许你是个傻瓜,也许你永远也进不了电影界。归根结底,你毫无经验,也从来没有演过戏。除了一张漂亮的脸蛋之外,你还有些什么呢?'

"我照了照镜子。就在我望着镜子的时候,突然发现忧虑对我容貌的恶劣影响。我看见了因为忧虑而产生的皱纹,看见了我焦虑的表情。于是,我对自己说:'你必须立即停止忧虑,不能再忧虑下去。你能给别人的只有你的容貌,而忧虑会毁了它们。'"

再也没有任何东西会比忧虑更容易使一个女人老得更快,并摧毁她的容貌的。忧虑会使我们的表情难看,会使我们牙关紧咬,会使我们的脸上出现皱纹,会使我们一天到晚愁眉苦脸,会使我们头发变白,甚至会使我们头发脱落,忧虑还会使你脸上的皮肤长斑点、溃烂或粉刺。

大师金言

没有什么比我们的美丽容颜更重要,为什么要让忧虑损毁我们的容颜,让我们提前步入衰老呢?

在第二次世界大战期间,大约有 30 多万人死于战场,可是在同一时间,心脏病却导致了 200 万人死亡,而其中有 100 万人的心脏病是由于忧虑和过度紧张的生活引起的。也正因为心脏病,尤利西斯·科瑞尔博士才说:"不知道如何抗拒忧虑的商人,所付出的必将是短寿的代价。"

中国人和美国南部的黑人很少患这种因忧虑而引起的心脏病,因为他们遇事沉着。死于心脏病的医生要超过农夫的 20 倍,因为医生过着非常紧张的生活,所以才会出现这样的结果。

卡耐基人性的优点经典全集

威廉·詹姆斯说:"上帝可能原谅我们所犯的罪过,可是我们的神经系统却不会原谅。"这是一件令人吃惊而难以相信的事实:每年因自杀而死的人,比各种常见传染病致死的人还要多。

为什么呢?答案大多都是——因为忧虑。

在中国古代战争中,残忍的将军总是喜欢折磨俘虏。他们命人将俘虏的手脚捆绑起来,放在一个不断滴水的袋子下面,水一直滴着、滴着,夜以继日,从不停歇,到最后,俘虏们就会觉得,这些水滴声如同槌子敲击的声音,他们忍受不了这种折磨,多半都会精神失常。西班牙宗教法庭和希特勒纳粹集中营都用过这个办法。

忧虑也像这些不断滴下来的水,而那不停的"滴、滴、滴"的水声可以让人精神失常,甚至自杀。

小时候我在密苏里,经常听牧师形容地狱中的烈火,并被他吓得半死。但牧师从来没有说过,忧虑带来的生理痛苦也如同地狱烈火一样,而现在,我们必须面对。

比方说,如果你长期忧虑,总有一天,你会患上最痛苦的病症——狭心症。要是发作起来,天哪,你一定会痛得尖叫,与你的尖叫相比,但丁的《地狱篇》不过是个"儿童玩具园"。到了那个时候,恐怕你就会告诉自己:"哦,我的上帝!如果我能好起来,永远都不再为任何事而忧虑了,永远不会。"如果你认为我太夸大其词了,那么,请你问问你的家庭医生是不是这样。

你热爱生命吗?你希望健康长寿吗?下面这个方法是你能做到的。在此,我要引用亚历克西斯·卡莱尔博士的话:"在混乱的现代都市中,只有那些保持内心平静的人,才不会变成神经病。"

你能否在现代城市的混乱中保持自己内心的平静呢?如果你是个正常人,答案应该是:"可以的""绝对可以"。事实上,我们大多数人比自己想象得更坚强,我们有很多从未发现的、潜在的巨大力量。梭罗在他的不朽名著《狱卒》中说:"一个人如果下定决心提高自己的生活能力,这是件令人振奋的事,我不知道,还有什么比它更让人高兴……假使他能充满信

第三章 忧虑最损害一个人的健康

心地向理想努力，下决心追求想要的生活，一定能收获意外的成功。"

我相信，很多读者都具备欧嘉·佳薇的那种意志力。欧嘉·佳薇住在爱达荷州，即便是面对最悲惨的情况，她发现自己依然能够克服忧虑。她说："8年多以前，医生宣称我很快就会离开人世，死于那种非常缓慢、非常痛苦的癌症，而且国内最有名的梅奥兄弟也证实了这个结果。当时，我觉得走投无路，死亡马上就会降临。我还年轻，不想这么死掉，在万般无奈之下，我给医生打了个电话，向他倾诉内心的绝望。他有些不耐烦地说：'欧嘉，你是怎么回事？难道一点斗志都没有吗？如果你继续哭下去，毫无疑问，你肯定会死的。不错，你遇上了最坏的情况，但你要面对现实，振作起来想点办法。'他的话让我战栗不已，我紧紧抓住胳膊，指甲深深陷入皮肤。就在这一瞬间，我发誓，我再也不要忧虑，不要哭泣，如果我还有什么想法，那就是我一定要活下去！

"在无法用镭照射的情况下，我只能接受X光照射，每天10分半钟，连续照射30天。但医生每天给我治疗14分半钟，连续照了49天。尽管骨头在消瘦的身体上如同荒山上的岩石，虽然两腿如同铅块一样沉重，但我从不忧虑，也不哭泣，始终面带微笑。不错，我勉强自己微笑。

"我不是傻瓜，以为微笑可以治疗癌症，但我相信，乐观的精神状态有助于抵抗疾病。总之，我创造了治愈癌症的奇迹。这些年来，我从未如此健康，可以说，这完全归功于麦克·卡弗瑞医生说的那句富有挑战性的话：'面对现实，振作起来想点办法。'"

吉姆·勃德索曾在弗吉尼亚州布莱克斯堡军事学院读书，那时，他被人称为"弗吉尼亚烦恼大王"。他的心中充满了烦恼和忧虑，因而常常生病，学校医院甚至经常为他保留一张病床。护士们一看到他上医院，就不由分说地为他注射一针。

吉姆·勃德索为什么年纪轻轻就病魔缠身？他自己后来回忆说，那时的他对一切事情都充满了忧虑，有时候甚至忘记自己究竟为什么烦恼。他的物理学和其他几门课考试不及格，他知道只有平均分数维持在75到84分之间，他才不会因成绩太差而被学校开除；他担心消化不良、失眠会

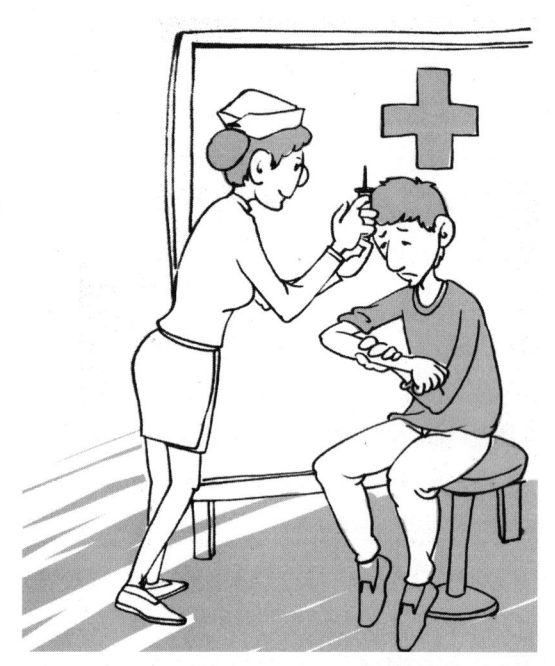

影响自己的健康;担心自己的经济状况不能维持自己的学业;担心自己无法经常买礼物送给女朋友,带她去跳舞,她会嫁给其他的同学……日日夜夜,他总在为许许多多无法解决的问题而烦恼。

　　绝望之余,他找到杜克·巴德教授诉说他的烦恼,巴德是企业管理学教授。与巴德教授见面的那 15 分钟,对他人生和身体健康的帮助,要比大学四年所学的东西多得多。他对吉姆·勃德索说:"吉姆,你应该面对现实。如果你能将用于烦恼的一半时间和精力用来解决自己的问题,那么,你就不会再有烦恼了。以前,你只学会了烦恼这堂课。"

　　他帮助吉姆·勃德索订立了三项规则,由此打破烦恼的习惯。

　　规则 1. 正确了解自己烦恼的究竟是什么问题。

　　规则 2. 找出问题的原因。

　　规则 3. 立刻采取一些建设性的行动,来解决这些问题。

　　对于执行这三项规则的结果,吉姆·勃德索回忆说:

"经过这次会谈后,我拟定了一些积极的计划。我不再为物理学不及格而烦恼,而是反问自己为什么没有通过,因为我很清楚自己并不笨,那时我已经是校刊的总编。

"我终于明白物理考试没通过的原因,是我对物理压根儿没兴趣,之所以没兴趣,是因为我认为物理对我未来要做的工程师工作起不到什么作用。于是我提醒自己:要是学校要求学生必须通过物理考试才能取得学位,我怎能对他们的智慧表示怀疑呢?因此,我不再抱怨学习物理是多么的难,我下苦功努力学习,这一次我顺利地通过了物理考试。

"我积极寻找打工的机会——比如在舞会上售卖饮料——这缓解了我的经济难题。我还向父亲申请贷款,毕业没多久我就把贷款还清了。

"我的爱情难题也解决了,我向曾担心她会嫁给别人的女孩求婚了。如今,她已成为吉姆·伯德索夫人。

"我现在回想起来,发现当年自己最大的问题是不愿找到忧虑的根源,更缺乏面对的勇气。"

吉姆·勃德索的经历是不是对我们有所启发呢?

在这一章即将结束时,在这里,我要重复一遍亚历克西斯·卡莱尔博士的话:"如果一个商人不知道如何消除忧虑,他的寿命会很短。"我希望阅读这本书的每个读者都能牢记它。

卡莱尔博士说的人是不是你呢?很有可能是的。

大师金言

忧虑也像这些不断滴下来的水,而那不停的"滴、滴、滴"的水声可以让人精神崩溃。

第四章

记住这六位诚实的朋友,就能战胜忧虑

记住这六位诚实的朋友——他们会教给我们想知道的一切;他们的名字是:什么,为什么,什么时候,怎样,哪里,谁。

——拉迪亚德·吉卜林

当你面对忧虑时,应该怎么办呢？答案是——我们必须学会下面三个分析问题的基本步骤,并用它们来解决各种不同的困难。这三个步骤是：

1. 认清事实。
2. 分析事实。
3. 作出决定,然后行动。

这是显而易见的答案吗？是的。这是亚里士多德所教的方法——他也使用过。如果我们想解决那些逼迫我们、使我们日夜像生活在地狱里一样的问题,我们就必须运用这几个步骤。

我们先来看看第一步：认清事实。弄清事实为什么如此重要呢？因为如果我们不能把事实弄清楚,就不能很明智地解决问题。没有这些事实,我们就只能在混乱中摸索。这一方法是我研究出来的吗？不,这是已故的哥伦比亚大学教育学院院长赫伯特·郝基斯所说的。他曾经帮助过20多万个学生解决忧虑的问题。他说,世界上的忧虑,一大半是因为人们没有足够的知识来做决定而产生的。他告诉我："混乱是产生忧虑的主要原因。比方说,如果我有一个必须在下周二以前解决的问题,那么在下周二之前,我根本不会去试着做什么决定。在这段时间里,我只集中全力去搜集有关这个问题的所有事实。我不会发愁,我不会为这个问题而难过,我不会失眠,只是全心全力去搜集所有的事实。等星期二到来之时,如果我已经弄清了所有的事实,一般说起来,问题本身就会迎刃而解了。"

我问郝基斯院长,这是否意味他可以完全排除忧虑？"是的,"他说,"我想我可以老实地说,我现在的生活完全没有忧虑。我发现,如果一个人能够把他所有的时间都花在以一种十分超然、客观的态度去找寻事实上的话,他的忧虑就会在知识的光芒下消失得无影无踪。"

所以,解决我们问题的第一个办法是：弄清事实。

让我们仿效郝基斯院长的方法吧！在没有以客观态度搜集到所有的事实之前,不要去想如何解决问题。

可是,我们大多数人是怎么做的呢?如果我们去考虑事实——爱迪生曾郑重其事地说:"一个人为了避免花工夫去思想,常常无所不用其极。"——如果我们真的去考虑事实,我们通常也只会像猎狗那样,去追寻那些我们已经想到的,而忽略其他的一切。我们只需要那些能够适合于行动的事实——符合我们的如意算盘,符合我们原有偏见的事实。

正如安德烈·马罗斯所说:

一切和我们个人欲望相符合的,看起来都是真理,其他的,就会使我们感到愤怒。

难怪我们会觉得,要得到问题的答案是如此困难,如果我们一直假定二加二等于五,那不是连做一个二年级的算术题目都会有问题吗?可事实上,世界上就有很多很多的人硬是坚持说二加二等于五——或者是等于五百——弄得自己跟别人的日子都很不好过。

关于这一点,我们能怎么办呢?我们得把感情排除于思想之外,就像郝基斯院长所说的,以一种"超然、客观"的态度去弄清事实。

要在我们忧虑的时候那样做不是一件简单的事。当我们忧虑的时候,往往情绪激动。不过,我找到了两个办法,有助于我们像旁观者一样很清晰、客观地看清所有事实:

1. 在搜集各种事实的时候,我假设不是在为自己搜集这些资料,而是在为别人,这样可以保持冷静而超然的态度,也可以帮助自己控制情绪。

2. 在试着搜集造成忧虑的各种事实时,有时候可以假设自己是对方的律师,换句话说,我也要搜集对自己不利的事实——那些有损于我的希望和我不愿意面对的事实。

然后,我把两方面的所有事实都写下来——我通常发现,真理就在这两个极端之间。

这就是我要说明的要点:如果不先看清事实的话,你、我、爱因斯坦,甚至美国最高法庭,也无法对任何问题作出很明智的决定。发明家爱迪

生很清楚这一点,他死后留下了2500本笔记簿,里面记满了有关他面临的各种问题的事实。

所以,解决我们问题的第一个办法是:弄清事实。让我们仿效郝基斯院长的方法吧,在没有以客观态度搜集到所有的事实之前,不要去想怎么去解决问题。

大师金言

要想解决忧虑的问题,必须以客观态度搜集造成忧虑的各种事实,抓住问题的根本才能解决问题。

不过,即使把全世界所有的事实都搜集起来,如果不加以分析和诠释,对我们也丝毫没有好处。

根据我个人的经验,先把所有的事实写下来,再做分析,事情会容易得多。事实上,仅仅在纸上记下很多事实,把我们的问题明明白白地写出来,就可能有助于我们得出一个很合理的决定。正如查尔斯·凯特林所说的:"只要能把问题讲清楚,问题就已经解决了一半。"

让我用事实来告诉你这种做法的效果吧,中国有句古话:"百闻不如一见。"我要告诉你一个人怎样把我们刚刚所说的那些真正付诸行动。

以盖伦·利奇费尔德的事情为例——我认识他好几年了,他是远东地区非常成功的一位美国商人。1942 年,日军侵入上海,利奇费尔德正在中国,下面就是他在我家做客时给我讲述的故事。"日军轰炸珍珠港后不久,他们占领了上海,我当时是上海亚洲人寿保险公司的经理,他们派来一个所谓的'军方清算员'——实际上他是个海军将领——命令我协助他清算我们的财产。这种事,我一点办法也没有,要么跟他们合作,要么就算了,而所谓'算了',也就是死路一条。

"我只好遵命行事,因为我无路可走。不过,有一笔大约 75 万美金的保险费,我没有填在那张要交出去的清单上。我之所以没有把这笔保险费填进去,是因为这笔钱属于我们香港的公司,跟上海的公司资产无关。不过,我还是怕万一日本人发现了这件事,可能会对我非常不利。他们果然很快就发现了。

"当他们发现的时候,我不在办公室。不过我的会计主任在场。他告诉我说,那个军官大发脾气,拍桌子骂人,说我是个强盗,是个叛徒,说我侮辱了日本皇军。我知道这是什么意思,我知道我会被他们关进宪兵队去。

"宪兵队!就是日本秘密警察的行刑室。我有几个朋友就宁愿自杀,也不愿意被送到那个地方去。我还有些朋友,在那里被审问了十天,受尽苦刑之后,死在那个地方。现在,我自己也可能要进宪兵队了。

"当时我该怎么办呢?我在礼拜天下午听到这个消息,我想我应该吓得要命。如果我没有可以解决问题的方法,我一定会吓坏了。多年来,每次我担心的时候,总坐在我的打字机前,打下两个问题,以及问题的答案:

第一个问题:让我忧虑的是什么事?

第二个问题:我该怎么办?

"我以往都不把答案写下来,而在心里回答这两个问题。不过多年前我就不那样做了。我发现把问题和答案同时都写下来,能够使我的思路更清楚。所以,在那个星期天的下午,我直接回到上海基督教青年会我住的房间,取出我的打字机。我打出:

(1)我担心的是什么?

'我怕明天早上会被关进宪兵队里。'

"然后我打出第二个问题:

(2)我能怎么办呢?

"我花了几个小时思考这个问题,写下了四种我可能采取的行动,以及每一种行动可能带来的后果。

(1)我可以尝试着去跟那位日本海军将领解释。可是他不会说英文,若是我找个翻译来跟他解释,很可能会让他火起来,那我可能就是死路一条了。因为他是个很残酷的人,我宁愿被关在宪兵队里,也不愿去跟他谈。

(2)我可以逃走。这点是不可能的,他们一直在监视着我,我从基督教青年会搬出搬进都需要登记,如果打算逃走的话,很可能被他们抓住枪毙。

(3)我可以留在我的房间里,不再去上班。但如果我这样做的话,那个日本海军将领就会起疑心,也许会派兵来抓我,根本不给我说话的机会,而把我关进宪兵队里。

(4)礼拜一早上,我可以照常到公司去上班。如果我这样做的话,很可能那个日本海军将领正在忙着,而忘掉我那件事情。即使他想到了,也可能已经冷静下来,不会来找我的麻烦。要是这样的话,我就没问题了。甚至即使他还来烦我,我仍然还有机会去向他解释,所以应该像平常一样,在礼拜一早上到办公室去,好像根本没出什么事,可以给我两个逃避宪兵队的机会。"

"等我把所有事情都想过了,我决定采取第四个计划——像平常一样,礼拜一早上去上班——之后,我觉得大大地松了一口气。

第四章 记住这六位诚实的朋友,就能战胜忧虑

"第二天早上我走进办公室的时候,那个日本海军将领坐在那里,嘴里叼根香烟,像平常一样地看了我一眼,什么话也没说。六个礼拜以后——谢天谢地,他被调回东京去了,我的忧虑就此告终。

"就像我前面所说过的,我之所以能捡回一条命,大概就是因为在那个礼拜天下午我坐下来写出各种不同的情况,和每一个步骤所可能带来的后果,然后很镇定地作出决定。如果我没有那样做的话,我可能会很混乱,或者是迟疑不决,而在紧要关头走错一步。要是我没有分析我的问题,作出决定,那整个礼拜天下午,我就会急得心乱如麻,当天晚上我也肯定睡不着觉,礼拜一早上上班的时候,一定会满面惊慌和愁容,光是这一点,就可能引起那个日本海军将领的疑心,而使他采取行动。

"以后,一次又一次的经验证明,渐渐作出决定的确有很大的价值。我们都是因为不能达成既定目的,不能控制自己,老是在一个令人难过的小圈子里打转,才会精神崩溃和生活难过的。我发现,一旦很清楚、很确定地做出一种决定之后,50%的忧虑就会消失,在我按照决定去做之后,还有40%的忧虑也会消失。"

"所以,我认为采取以下四个步骤,就能消除掉90%的忧虑:

(1)清楚地写下你担心的是什么。

(2)写下你想怎么做。

(3)决定该怎么办。

(4)立即行动,执行决定。"

盖伦·利奇费尔德十分诚恳地说:"我的成功完全得益于这种分析忧虑、正视忧虑的办法。"

这种办法为什么如此有效呢?因为它直接有效地达到了问题的核心。最重要、最不可缺少的就是第三步:决定该怎么做。除非我们能马上采取行动,要不然看清事实和分析真相都失去了作用,纯粹是一种体力浪费。

1902年4月14日,一个口袋里只有500美元却梦想成为百万富翁的年轻人,在怀俄明州克莫勒开了一家绸布店——克莫勒是一个人口只有一千人的矿业小镇,位于西部开发时期必经的篷车道上。年轻人和妻子住在商店的半层阁楼上,用一个装绸布的大木箱当桌子,用另外一些小木箱当椅子。妻子用毯子将她的婴儿裹住,放在柜台底下睡觉,自己则站在柜台旁边,帮助丈夫招呼客人。然而今天,全世界最大的连锁绸布店就是以这个年轻人的名字命名的——J.C.潘尼百货店,共有1600家分店,分散在美国各州。最近,我十分荣幸地与潘尼先生共进晚餐,他将自己生活中最富有戏剧性的一段经历告诉了我。

J.C.潘尼经历了人生最痛苦的一段岁月,陷入了烦恼和绝望之中。这些烦恼与公司业务无关,相反,当时公司业务十分稳定,而且蒸蒸日上。但是,由于他个人做出的一些不明智的行为,加上1929年美国大萧条到来之时,致使公司于1929年破产。

J.C.潘尼遭到众人的指责,心中充满了烦恼和担忧,常常整晚都无法入睡,久而久之变成一种疼痛难挨的疾病,即所谓"带状疱疹"——一种突发性的红疹。他向密歇根州巴托卫生局的伊格斯顿医生求助。医生认为他病得十分严重,必须躺在床上。这期间他接受了一次严格的治疗,但没有任何效果。他的身体越来越虚弱,精神和肉体濒临崩溃的边缘。他近乎绝望了,看不到一丝希望,觉得没有任何东西可以依靠,也觉得没有一个真正的朋友,甚至连家人都在反对自己。有一天晚上,伊格斯顿大夫给他服了镇静剂,但其效果很快就消退了,他在疼痛中醒来,想到这将是自己生命中的最后一天了,于是,走下床来,开始给妻子和儿子写遗嘱。他以为自己活不到天亮。后来怎样呢?J. C. 潘尼先生说道:"第二天清晨醒来,我惊异地发现自己仍然活着。突然间,我觉得自己仿佛被人从黑暗的牢笼引到了温暖、明亮的阳光中,从地狱步入了天堂。在此之前,我从来没有感受过上帝的威力。我恍然大悟,原来自己所有的烦恼都是自找的。我感觉到,上帝的爱就在那里帮助我。从此以后,一直到今天,我不再有任何烦恼了。我已经幸福快乐地活了71年。"

威廉·詹姆斯说:"一旦作出决定,就要迅速付诸行动,不必理会责任问题,也不要关心结果。"

在这句话中,"关心"无疑是"焦虑"的同义词。詹姆斯的意思非常明确——一旦你以事实为基础,作出了谨慎的判断,就要立即实行。不要停下来重新思考,不要犹豫,以免怀疑自己,进而产生担心和其他的困惑。

怀特·菲利浦是俄克拉荷马州最成功的石油商人。一次,我问他:"怎么才能将决心付诸行动?"他回答:"我发现,如果超过了某种程度,我们还在不停地思考,肯定会引发忧虑,而且思绪混乱。当调查和仔细思考毫无益处时,就是下定决心付诸行动并且永不回头的时候。"

那么,你为什么不采用盖伦·利奇费尔德的四步法去解除自身的忧虑呢?

这四步法是:

卡耐基人性的优点经典全集

第一个问题:你在担心什么?
第二个问题:有什么解决办法?
第三个问题:该如何选择?
第四个问题:什么时候开始做?

大师金言

所有的烦恼都是自找的,你远离它,它就伤不到你。

第五章
让工作变得更加高效率

没有中心的会议,无节制的天南地北的闲聊,没完没了的应酬,时间就白白地过去了,工作效率也随之降低。从现在开始,简化工作程序,做好工作计划吧,你会发现有计划地工作,会使工作变得更加高效率。

卡耐基人性的优点经典全集

　　如果你是一个商人,也许你现在正在对自己说:"这个话题简直是荒谬至极,我干这一行已经十几年了,如果说有谁知道这个问题的答案的话,当然非我莫属了。居然有人想要告诉我如何让生意上的忧虑减半——这可真是荒谬透顶!"

　　这话一点也不错。如果我在几年前看到这样的标题,也会有同样的感觉。这个题目好像能帮你解决很多事情——但这些空洞的语言根本一文不值。

　　让我们坦率地谈谈吧。也许我的确不能帮你减少生意上一半的忧虑,因为从我前面分析的结果来看,除了你自己之外,没有人能做得到这一点。可是我能做到一点,就是可以让你看看别人是怎么做的,剩下的就要看你自己的了。

　　也许你已经注意到了前面我曾经提过,闻名世界的亚历克西斯·卡莱尔博士认为:

　　"不知道如何抗拒忧虑的商人,所付出的将是短寿的代价。"

　　既然忧虑如此严重,那么,如果我能帮你减轻忧虑,哪怕只有10%的忧虑,你是不是会感到满意呢?会的?很好!那么,我下面就要告诉你一位商人是如何消除50%的忧虑,而且节约了以前用来开会、解决生意上的问题的75%的时间。

　　当然,我不会告诉你那些你无法查证的故事,关于"琼斯先生"或者"X先生"或者"我认识的某一个男人"。这是一个非常真实的故事。故事的主人公叫李昂·席孟津,多年来他一直担任西蒙出版公司的高层主管,现在是纽约州纽约市洛克菲勒中心袖珍图书公司的董事长。

　　下面就是李昂·席孟津自己的经验之谈:

　　"15年来,我几乎每天都要花一半的时间用来开会和讨论问题。

　　"讨论一下我们应该这样还是那样——还是什么都不管?我们这时会非常紧张,会在椅子上坐立不安,或在办公室里走来走去,彼此辩论,不停地绕圈子。到了晚上,我会被弄得筋疲力尽。我原以为我这辈子大概也就只能这样了。而且我干这一行已经有15年了,我并不觉得应该有更好的办法。如果有人告诉我,我可以减去 3/4 的会议时间,可以消除 3/4 的神经紧张,那么我会认为他是在痴人说梦。可是,我现在确实能够拟出一个恰好能做到这一点的计划。这个方法我已经用了 8 年,对我的办事效率、我的健康和我的快乐来说,都带来了意想不到的好处。

"这听起来好像是在变魔术——可是正如所有的魔术一样,一旦你弄清楚是怎么做的,就非常简单了。

"我的秘诀就是:首先,我立即停止 15 年来会议中一直使用的程序——那些令人恼火的同事总是先报告一遍问题的细节,然后问:'我们该如何解决?'其次,我订下一个新规矩:任何一个想讨论问题的人,必须先准备一份书面报告,上面要回答四个问题:

"第一个问题:到底出了什么问题?

(在过去的日子里,我们经常用一两个小时开会、讨论问题,但很少有人真正明白:问题究竟出在哪里。)

"第二个问题:问题的起因是什么?

(我吃惊地发现,即使浪费了很多时间用在各种各样的忧虑上,我依然无法清晰地找出问题的基本情况。)

"第三个问题:有哪些解决办法?

51

（在过去的日子里，总是一个人提出建议，然后其他人和他辩论，结果常常跑题，我们常常对主题并不清楚，直到开完会也没有一个人把各种不同的问题写下来，我们不能做到有意识地解决问题。）

"第四个问题：你觉得哪种建议最好？

（过去开会总是花几个小时为一种情况担心，不断地绕圈子，从未想过所有可行的方法，然后写下来：'这是我建议的解决方案。'）

"现在，同事们很少再来问我他们的问题。为什么？因为他们发现，只要认真地回答以上 4 个问题，最合适的方案就会自动跳出来，就像面包从烤箱中跳出来一样。即使一定要讨论，所花的时间仅仅是从前的 1/3，因为整个过程条理清楚，而且合乎逻辑，最后总能找到明智的解决办法，得出合乎理由的结论。"

我的朋友法兰克·毕吉尔是美国保险业的巨子，他也运用同样的方法消除了忧虑，并增加了不少收入。

"多年以前，"法兰克·毕吉尔说："我刚刚进入推销保险这个行业时，对工作充满热情。但后来发生了一点小事，我突然沮丧起来，看不起自己的职业，甚至想辞职。但是，在一个星期六的早晨，我冷静地坐下来，想找出忧虑的来源。

"第一，我首先问自己：'到底出了什么问题？'我拜访了很多人，但成绩并不理想。最初，我和顾客们聊得非常投机，但每当最后就要成交时，他们就会说：'我再考虑一下，以后再说吧！'结果我又要另外安排时间去找他，这种结果令我沮丧。

"第二，我又问自己：'有什么解决办法？'在得出答案之前，我当然要好好研究一下过去的成绩，我拿出 12 个月前的记事本，看了看上面的数字。我吃惊地发现，卖出的那些保险有 70% 是第一次见面就成交的，23% 是第二次见面成交的，只有 7% 的成交量出现在第三、第四、第五次见面。也就是说，我把几乎一半的工作时间浪费在 7% 的业务上。

"第三，答案是什么？答案是显而易见的，我应该马上停止两次以上的拜访，将多余的时间用于寻找新顾客。结果简直出乎意料，我在很短的时间内就将每次赚 2.70 美元的成绩提高到 4.27 美元。"

正如我们所说的,法兰克·毕吉尔成为美国最出色的保险业务员之一。如今,法兰克·毕吉尔每年的保险业务都超过 100 万美元。想想看,他几乎要放弃这份职业,承认自己的失败,可结果呢,他通过分析问题,最终走上了成功之路。

你能否接受这些解决商务困扰的建议,使你减掉来自生意上的 50% 的忧虑呢?再次重申一遍:

(1)问题是什么?

(2)问题的原因到底在哪里?

(3)有哪些解决办法?

(4)你觉得哪种建议最好?

大师金言

把浪费的时间用在有意义的事上,你会发现你的工作效率更高了,同时你紧张的神经也放松下来了。

第六章
从工作中找到乐趣

要不断地提醒自己,鼓励自己。如果你无法从工作中找到乐趣,那么,你恐怕很难从别的地方找到。每个人都要把大部分时间花在工作上,如果你经常给自己打打气,就会从中发现乐趣,或许会带来一些升迁和发展的机会。

卡耐基人性的优点经典全集

烦闷会造成疲劳。以爱丽丝小姐为案例,她是一条街道上的打字员,工作结束之后,她常拖着疲惫不堪的身体回到家。她觉得自己腰酸背痛,几乎连饭都不想吃,只想马上倒头就睡。她的妈妈劝说她,她才坐到餐桌旁。这时,电话铃响了,是她的男朋友,他邀请爱丽丝小姐去跳舞。刹那间,爱丽丝的眼睛亮起来了,她精神十足地换好衣服冲出门去。她一直跳舞直到凌晨3点才回来,但此时此刻,她一点儿也不觉得疲倦,恰恰相反,她兴奋得几乎睡不着。难道爱丽丝不想睡足8小时消除疲劳吗?她愿意看起来筋疲力尽吗?的确是这样,她傍晚回家时觉得疲劳,是因为工作让她烦闷,随之对生活也产生了厌烦感。在世界上,像爱丽丝这样的人成千上万,说不定你也是成千上万人中的一个。

许多年前,约瑟夫·巴马克博士曾在《心理学学报》上发表了一篇报告,里面记录着他的一次实验:他安排一大群大学生参加很多实验——都是他们不感兴趣的工作,结果表明,所有的学生都觉得疲劳,而且头疼、眼

第六章 从工作中找到乐趣

睛疼、打瞌睡、发脾气,甚至有几个人觉得自己得了胃病。巴马克博士通过化验得知,当一个人开始烦闷时,身体血液的流动和氧化作用会降低,如果人们觉得工作有趣,新陈代谢就会加速。也就是说,当我们从事自己感兴趣的工作时,状态一般都很兴奋,很少出现疲劳感。

哥伦比亚大学的爱德华·戴克博士曾主持过关于疲劳的实验,他通过采用那些年轻人经常借以保持兴趣的方法使他们维持清醒的愉悦长达一星期之久。在经过多次调查之后,戴克博士表示:"心情烦闷是致使工作效率降低的唯一真正原因。"

举个例子,最近我到加拿大落基山度假,在路易斯湖畔钓了好几天鲑鱼。在钓鱼的过程中,我要穿过茂密的、比人还高的树丛,跨越很多倒在地上的树枝,我来来回回折腾了 8 个小时,却丝毫不觉得疲倦。是什么原因呢?很简单,我抓到了 6 条个头很大的鲑鱼,我兴奋极了,觉得自己不虚此行。但是,如果我觉得钓鱼是一件令人讨厌的事,那么会出现什么后果呢?在海拔 7000 英尺的高山上来回奔波,我肯定会筋疲力尽的。

不过,即便是登山这样消耗体力的运动,也比不上烦闷带给你的疲倦多。

比方说,S. H. 金曼先生是明尼纳卜勒斯农工银行的总裁,他讲述的一件事完全可以证明这一点。1953 年 7 月,为了协助威尔士军团做爬山训练,加拿大政府特意邀请了阿尔卑斯登山部的教练,金曼先生就是其中之一。教练们的年纪都在 42 岁至 59 岁之间,他们带领年轻的士兵越过冰河和雪地,然后利用绳索和一些简单工具爬上 40 英尺高的悬崖。他们在河谷里长途跋涉,翻越了很多高山,经过 15 个小时的登山训练,那些非常健壮的年轻人们全都累倒下了,尽管不久前,他们刚刚接受过 6 个星期的严格军事训练。

他们感到疲劳,是不是因为他们军事训练时肌肉没有训练得很结实呢?任何一个接受过严格军事训练的人都一定会对这种荒谬的观点嗤之以鼻。事实上,他们之所以会这样筋疲力尽,是因为他们对登山感到厌烦。他们中很多人疲倦得不等到吃过晚饭就睡着了。可是那些教练们——那些年龄比士兵要大两三倍的人——是否疲倦呢？不错，他们也感觉到了疲倦，但他们不会筋疲力尽。那些教练们吃过晚饭后，还坐在那里聊了几个钟头，谈他们这一天的事情。他们之所以不会疲倦到精疲力竭的地步，是因为他们对这件事情感兴趣。

如果你是一个脑力劳动者，使你感觉疲劳的原因很少是因为你的工作超量，相反是由于你的工作量不够。例如，你还记不记得星期一，你不断地受人打扰，一封信也没有回，跟人家约好的事情一件也没有做，到处都是等待解决的问题，那一天所有的事情都不对头，你一件事情也没有做成，可是回到家时却已经精疲力竭，而且头痛欲裂。第二天，办公室里的所有的事情都进行得相当顺利。你所完成的工作是头一天的40倍，可是当你回到家里的时候，却神采奕奕。你一定有过这种经历，当然，我也有过。

我们可以从这一点上学到什么呢？那就是我们的疲劳通常不是由于工作所引起的，而是由于忧虑、紧张和不快。

大师金言

心情烦闷会造成工作效率低下，培养轻松、快乐的心境则有助于完成工作任务。

在写这一章的时候，我抽空去看了杰罗米·凯恩主演的音乐喜剧。剧中的主角安迪船长在一段颇有哲理的话里说："能做自己喜欢做的事情的人，是最幸运的人。"这种人之所以幸运，就是因为他们的体力更充沛，心情更愉快，而忧虑和疲劳却比别人少。同样，你兴趣所在的地方也就是你能力所在的地方。你如果陪着一路唠叨不休的太太走几条街，一定会比陪着你心爱的情人走10里路感觉要疲劳得多。

那么，怎么办呢？在这件事情上，你能有什么办法呢？下面就是一位打字小姐所做的事情，这位打字小姐在俄克拉荷马州托沙城的一个石油公司工作。她每个月有几天都得做一件你所能想象到的最没意思的工作：填写一份已经印好的有关石油销售的报表，在上面填上各种统计数字。这件工作实在没有什么意思，她为了提高工作情绪，就想出了一个解决办法，把它变成一件非常有趣的工作。她是怎么做的呢？

她每天跟自己竞赛。她点出每天早上所填的报表数量，然后尽量在下午去打破自己的纪录；然后再计算每一天所做成的总数，再想办法在第二天去打破前一天的纪录。结果怎样呢？她比同一部门其他的打字小姐都快了很多，一下子就把很多很没意思的报表填完了。这样做对她有什么好处呢？得到赞美了吗？没有。得到感激了吗？没有。得到升迁了吗？没有。加薪水了吗？没有。可是这样做却有助于防止她因为烦闷而带来的疲劳，使她能保持很高的兴致，因为她尽了自己最大的努力，把一件没有意思的工作变得有意思，她就能节省下更多的体力和精神，使她在休息的时候也能获得更多的快乐。我之所以知道这是个真实的故事，因为我就娶了这个女孩子为妻。

下面是另外一位打字员小姐的故事。她发现"假装喜欢"工作很有意思，会使人得到更多意想不到的报偿。她以前很不喜欢她的工作，可是现在却发生了改变。她的名字叫维莉·戈登，家住伊利诺伊州爱姆霍斯特城。下面就是她在信中告诉我的故事：

"在我的办公室里，一共有4位打字员，每个人都要负责替几个人打信件，每过一段时间我们就会因为工作量太大而忙得不可开交。有一天，有一个部门的副经理坚持让我把一封很长的信重打一遍，令我大为恼火。我告诉他，这封信只要改一改就可以，不必重打一遍。而他对我说，如果我不想重打的话，他就去找愿意重打的人来再打一次。我当时气得怒火中烧，可是当我开始重新打这封信时，我突然发现其实有很多人都会跳起来抓住这个机会，来做我现在正在做的这件事情。再说，人家支付我薪水也就是要我做这份工作，这样一想，我开始觉得好了很多。这时候，我突然下定决心，尽管我不喜欢这份工作，但我要以假装

59

喜欢它的样子去做。接着,我有了一个重大的发现:如果我假装很喜欢我的工作,那么我就真的能喜欢到某种程度;而且我也发现,当我开始喜欢我的工作的时候,我工作的速度就可以大大加快。因此,我现在加班的时候很少。这种新的工作态度,使大家都认为我是一个非常好的职员。后来,有一个单位主管需要找一位私人秘书,他就让我担任那个职务,因为他认为我很愿意做一些额外的工作而从不抱怨。这件事情证明心理状态的转变能产生巨大的力量。对我来说,这是非常重要的一个发现,它为我带来了奇迹。"

在这里,戈登小姐用了汉斯·维辛吉教授的"假装"哲学,他告诉我们要"假装"自己很快乐。

如果你"假装"对你的工作感兴趣,一点点假装就会使你的兴趣变成真的,并且可以减少你的疲劳、紧张和忧虑。

许多年前,哈兰·霍华德先生做了一个决定,结果这个决定使他的生活完全改变了,把一个很没有意思的工作变得饶有趣味。他那份工作的确很没有意思,就是在高中的福利社洗盘子、擦柜台、卖冰淇淋,而其他男孩子则在打球,或是与女孩子约会。哈南·霍华对这份工作很不满意,可是他又不得不接受这份工作,于是,他决定利用这个机会来研究冰淇淋是怎么做成的、里面有什么成分,以及为什么有些冰淇淋比别的好吃。他开始研究冰淇淋的化学成分,结果使他成为那所高中化学课的奇才。后来,他又对食物化学产生了极大兴趣,于是进了马萨诸塞州州立大学,专门研究食物营养学。后来,纽约的可可公司设立了100美元奖金,奖励关于可可和巧克力应用方面的论文征文,这是一次由所有大学生参加的公开征文比赛。你猜谁得了头奖呢?一点也不错,就是哈兰·霍华德。

后来,他发现找一份合适的工作非常不容易,于是他就在自己家里的地下室开了一间私人实验室。不久,当局通过一项新法案:牛奶里面所含的细菌必须计数。于是哈兰·霍华德开始为安荷斯特城14家牛奶公司统计细菌,为此他还需要再多雇佣两名助手。

25年之后,他将会发展到什么程度呢?是的,这几位现在还在从事食物化学实验工作的先生们,到那时候要么退休,要么已经过世了,但将会有许多现在刚刚开始学习并充满了热情的年轻人来接替他们的位置。25年之后,哈兰·霍华德很可能成为他这一行的领袖人物。而当年从他手里买冰淇淋的那些同学,却很可能穷困潦倒,甚至失业在家。他们只会责怪政府,说他们没有好的工作机会。而哈兰·霍华德若不是努力把一件很没有意思的工作变得有意思的话,恐怕也同样不会有什么机会。

几年前,一个年轻人在一家工厂里,因为整天站在一个车库旁边做螺丝钉而感到非常没有意思。他的名字叫山姆。他很想辞职不干,可是又怕无法找到其他的工作。既然他非要做这件没有意思的工作不可,他就决定使这个工作变得有意思。于是,他开始和旁边另外一个管机器的工人比赛,由其中一位先在自己的机器上做出大样来,另外一个人把它磨到规定的直径。他们偶尔互换机器,看谁做出来的螺丝钉比较多。他们的领班对山姆的工作速度和精确度非常欣赏,不久就把他调到一个较好的职位,而这只是他一连串升迁的开始。30年之后,山姆成了巴尔温火车头制造公司的董事长。要是他没有想到使他那个没有意思的工作变得有意思的话,或许他一辈子只能做一名工人。

H. V. 特波是著名的无线电新闻分析家,他曾给我讲述了一个很有趣

61

的故事：

他22岁那年，在一艘横渡大西洋运送牲畜的船上工作。每天，他的任务就是给船上的牲口喂水和饲料。没多久他就辞职了，然后骑着自行车周游全英国，走完后又来到法国。但是，当他抵达巴黎时，身上的积蓄已经花光了，只好卖掉随身携带的照相机，用这些钱在巴黎版的《纽约先驱报》上刊登了一个求职广告。最后，他成为一名推销员——专门卖立体观测镜。

应该说，特波做这项工作很不容易，他不会说法语，但挨家挨户推销了一年之后，他居然挣到了5000美金，成为当年法国收入最高的推销员。

他是怎样创造这样的奇迹的呢？是这样的。起初，他请老板用纯正的法语把他应该说的话写下来，然后背得滚瓜烂熟。他就这样去按人家的门铃。家庭主妇开门之后，他就开始背诵老板教的推销用语。他的带美国口音的法语使人觉得很滑稽，他趁此机会递上实物照片。如果对方问一些问题，他就耸耸肩说："美国人……美国人……"同时摘下帽子，把藏在帽子里的讲稿指给人家看。那个家庭主妇当然会大笑起来，他也跟着大笑，然后再给对方看更多的照片。

当特波向我讲述这些事情的时候，他很坦白地承认这种工作实在很不容易。他之所以能挺过去，就是靠着一个信念：他要把这个工作变得有乐趣。每天早上出门之前，他都要对着镜子自言自语说："特波，如果你要吃饭、继续生活，就必须做这件事。既然非做不可，何不做得开心点呢？你就假装自己是个演员，正站在舞台上表演，下面是数不清的观众，他们正热烈地注视自己。特波，你现在的工作就和在舞台上演戏一样，多么让人高兴啊！"

特波告诉我，他每天给自己打气的那些话，帮了他的大忙，他将一份又恨又怕的工作变成有意思的事情，同时也让他获得了丰厚的回报。

听了特波先生的经历，我问道："现在，有很多美国青年极度渴望成功，您可否给他们一些忠告？"特波先生说："很简单，每天早晨跟自己打

第六章 从工作中找到乐趣

个赌。大家都知道,早上起床后,我们常常需要一些运动,让自己从懵懂的状态中彻底清醒。但是,我们更需要一些思想上的运动,这样才能真正地活动起来。所以,每天早上给自己打打气!"

每天早上给自己打气是不是一件肤浅、冒傻气的事呢?当然不是,在心理学上,这是非常必要的。1800年之前,马可·奥勒留在《沉思录》中写道:"我们的生活是由思想创造的。"即便是现在,这句话同样是真理。

要不断提醒自己,鼓励自己。如果你无法从工作中找到乐趣,那么,你恐怕很难从别的地方找到。因为每个人的大部分清醒时间,一般都花在工作上。如果你经常假装对工作有兴趣,为自己打气,就会将疲劳降到最低限度,或许会带来一些升迁和发展的机会。即使没有这些好处,你至少减轻了疲劳和忧虑,这样就可以充分享受闲暇时间。

大师金言

　　从工作中找到快乐，不仅会使你的工作效率提高，还会提升你的生活品质。

第七章

用忙碌驱逐思想中的忧虑

　　宁可在工作中寻找快乐,也不要在忧虑中沉沦下去。生命有限,问题多多,不妨用开放的眼光看待这个世界,用心看看自己,多想想开心的事,人生本来就应该是简单而快乐的。

我永远不会忘记几年前的那个夜晚,我班上有个叫马利安·道格拉斯的学生(我并不经常使用他的真名字,他要求过我,因为个人原因,不要叙述他的经历,但这是一个真实的故事,是多年前他从我们的成人班毕业前告诉我的),他对我说他家曾遭遇过两次不幸。第一次,他特别钟爱的5岁的女儿死了,他和妻子几乎崩溃,他们都以为自己无法承受这个打击。但是,他说:"10个月后,上帝又给了我们一个女儿。但更不幸的是,她仅仅活了5天。"

麻烦事接二连三地出现,让他无法忍受。"我受不了了。"这位父亲说,"我食不下咽,根本睡不着。精神无法放松下来。我完全丧失了信心。"最后,他不得不去找医生,尝试着吃安眠药和旅行,但都毫无用处。他说:"就好像有一把大钳子夹住了我的身体,而且愈夹愈紧。"这种在悲痛中的紧张——如果你没有经历过那种悲哀,你不会知道那对他意味着什么。

"感谢上帝!我还有一个孩子活下来——一个4岁的儿子,他教给了我们解决问题的办法。一天下午,我和往常一样呆坐在那里难过。这时,儿子跑过来问我:'爸爸,我们造条船好吗?'老实说,我一点儿兴趣也没有,但小家伙很缠人,我只好依着他开始造那条玩具船。这项工作大约花了3个小时,完成之后我才发现,在这段时间里,我第一次感到放松,这是几个月以来从未有过的。

"这个发现让我如大梦初醒,几个月来,我第一次集中精神去思考。我想通了,如果你忙着从事一些费脑筋的工作,你就不会再忧虑了。现在,造船完全挤掉了我的所有忧虑,所以我决定,让自己不停地忙碌。第二天晚上,我检查了所有房间,将该做的事列出一张单子,其中有很多小东西需要修理,比如门把手、门锁、楼梯、窗帘、书架,以及漏水的水龙头,等等。短短两个星期,我列出了242个项目,那是我该做的事。

"在接下来的两年里,我几乎完成了全部工作。除此之外,我的生活还被很多具有启发性的活动占据了。每星期有两个晚上,我要到纽约市参加成人教育班,还要参加小镇上的活动。现在,我是校董事会主席,协

第七章 用忙碌驱逐思想中的忧虑

助红十字会或其他机构募捐,忙得简直没时间忧虑。"

"没有时间忧虑"这句话正是温斯顿·丘吉尔首相说的。当年,战事紧张时,他每天都要工作 18 个小时,于是有人问他:"你是否为自己担了这么重的责任而忧虑?"他说:"我太忙了,哪有时间去忧虑。"

查尔斯·柯特林发明了汽车自动点火器,他在开始自己的发明时也碰到过类似的情形。柯特林先生一直担任赫赫有名的通用公司的副总裁,但当年他极其穷困潦倒,只能在谷仓内堆稻草的地方做实验,所有的开销都只靠着妻子教钢琴赚来的 1500 美元。我问他的妻子:"在那段时间,你是否很忧虑?"她说:"是的,我担心得夜不能寐。但柯特林先生毫不担心,他整天埋头于工作,估计没时间忧虑。"

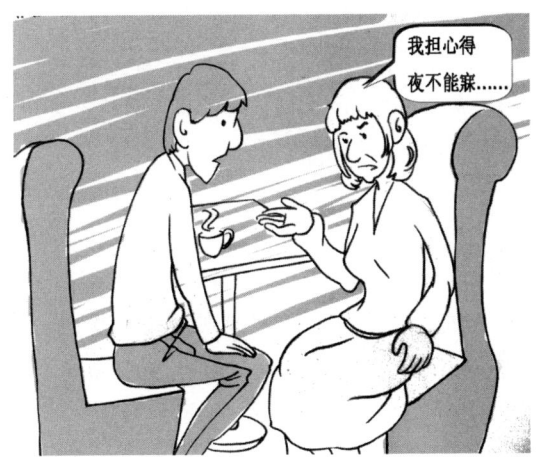

巴斯德是一名伟大的科学家,他曾说:"人们能在图书馆和实验室找到平静。"为什么会这样呢?因为在这里,每个人都埋头工作,不会为别的事情忧虑。做研究工作的人很少会出现精神崩溃,因为他们非常忙,根本没时间享受这种奢侈。

为什么"让自己忙着"这么简单的一件事情,就能够把忧虑从你的思想中赶出去呢?因为有这么一个定理:不论一个人多么聪明,都无法在同一时间内思考一件以上的事情——这是心理学所发现的基本定理之一。你不相信是吗?好了,现在让我们来做一个实验:

67

假定你现在坐在椅子上,闭上双眼,试着在同一个时间去想自由女神,以及你明天早上打算做什么事情。

这时候,你会发现,你只能轮流想其中的一件事,而无法同时想这两件事情,对不对?就你的情感来说,也是如此。例如,我们不可能充满热情地想去做一些令人兴奋的事情,同时又因为忧虑而拖延下来。一种感觉会把另一种感觉赶出去——也就是这么简单的发现,使得在第二次世界大战时期军方的一些心理治疗专家能够创造出医学奇迹。

当有些人因为在战场上受到打击的经历而退下来的时候,他们都患上了一种神经衰弱症。军方的医生大都采取"让他们忙着"的治疗方法。除了睡觉的时间之外,每时每刻都让这些在精神上受到打击的人充满活力,例如钓鱼、打猎、打球、打高尔夫球、拍照片、种花,以及跳舞,等等,根本不让他们有时间去回想那些可怕的经历。

大师金言

俗话说,一心不可二用。假如你充满热情地集中想一个问题,找出解决问题的圆满答案,你的心情是不是会变得愉悦起来呢?

"职业性的治疗"是近代心理医生所用的新名词,也就是把工作当做治病的药。这并不是新的办法,在耶稣诞生500年以前,古希腊的医生就已经使用这种方法了。

在本杰明·富兰克林那个时代,费城教友会的教徒也使用过这种方法。1774年,有一个人去参观教友会办的疗养院,看见那些精神病人正忙着纺纱织布时,他大为震惊。他认为那些可怜而不幸的人正在被剥削。后来教友会的人向他解释说,他们发现那些病人只有在工作的时候病情才能真正有所好转,因为工作能安定他们的神经。

任何一个心理治疗医生都能够告诉你,工作——不停地忙着,是治疗精神病的最好药剂。著名诗人亨利·朗费罗先生在他年轻的妻子去世之后，也发现了这个道理。有一天，他太太点了一支蜡烛，以融化一些信封的火漆，结果不慎将衣服烧了起来。朗费罗听见她的叫喊声，就赶过去抢救，可是她还是因为烧伤而死去。有一段时间，朗费罗没有办法忘掉这次可怕的经历，几乎发疯。但他3个幼小的孩子需要照料。虽然他很悲伤，但还是要父兼母职。他带他们出去散步，讲故事给他们听，和他们一同玩游戏，还把他们父子间的亲情永存在《孩子们的时间》一诗里。他还翻译了但丁的《神曲》。这些工作加在一起，使他忙得完全忘记了自己，也重新得到了思想的平静。就像丁尼生在最好的朋友亚瑟·哈兰死的时候曾经说过的那样："我一定要让我自己沉浸在工作里，否则我就会在绝望中苦恼下去。"

　　对大部分人来说，在做日常的工作忙得团团转的时候，"沉浸在工作里"大概不会有多大问题。可是在下班以后——就在我们能自由自在享受我们的悠闲和快乐的时候——忧虑的魔鬼就会来攻击我们。这时候我们常常会想，我们的生活里有什么样的成就，我们有没有上轨道，老板今天说的那句话是不是有什么特别的意思，或者我们的头是不是秃了。

　　我们不忙的时候，脑筋常常会变成真空。每一个学物理的学生都知道，自然中没有真空的状态。打破一个白炽灯的灯泡，空气就会进去，充满了理论上说是真空的那一块空间。脑筋空出来，也会有东西进去补充，是什么呢？通常都是你的感觉。为什么？因为忧虑、恐惧、憎恨、嫉妒和羡慕等情绪，都是由我们的思想所控制的，这种种情绪都非常猛烈，会把我们思想中所有的平静的、快乐的思想和情绪都赶出去。

　　詹姆士·马歇尔是哥伦比亚师范学院的教育学教授。他在这方面说得很清楚："忧虑最能伤害你的时候，不是在你有行动的时候，而是在一天的工作做完了之后。那时候，你的想象力会混乱起来，使你想起各种荒诞不经的可能，把每一个小错误都加以夸大。在这种时候，"他继续说道，"你的思想就像一部没有载货的车子，乱冲乱撞，撞毁一切，甚至自己也变成碎片。消除忧虑的最好办法，就是要让你自己忙着，去做一些有用的

事情。"

　　但是，不见得只有一个大学教授才能懂得这个道理，才能付诸实行。第二次世界大战时，我碰到一位住在芝加哥的家庭主妇，她告诉我她发现了消除忧虑的好办法，就是让自己忙着，去做一些有用的事情。当时我正在从纽约回密苏里农庄的路上，在餐车上碰到了这位太太和她的先生。

　　这对夫妇告诉我，他们的儿子在珍珠港事件的第二天加入陆军。那个女人当时因担忧她的独子，而几乎使她的健康受损。他在什么地方？他是不是安全呢？还是正在打仗？他会不会受伤、死亡？

　　我问她，后来她是怎么克服她的忧虑的。她回答说："我让自己忙着。"她告诉我，最初她把女佣辞退了，希望能靠自己做家事来让自己忙着，可是这没有多少用处。"问题是，"她说，"我做起家事来几乎是机械化的，完全不用思想，所以当我铺床和洗碟子的时候，还是一直担忧着。我发现，我需要一些新的工作才能使我在一天的每一个小时，身体和心理

第七章 用忙碌驱逐思想中的忧虑

两方面都能感到忙碌,于是我到一家大百货公司里去当售货员。"

"这下好了,"她说,"我马上发现自己好像掉进了一个行动的大漩涡里:顾客挤在我的四周,问我关于价钱、尺码、颜色等问题。没有一秒钟能让我想到除了手边工作以外的问题。到了晚上,我也只能想,怎么样才可以让我那双痛脚休息一下。等我吃完晚饭之后,我爬上床,马上就睡着了,既没有时间也没有体力再去忧虑。"

她所发现的这一点,正如约翰·考伯尔·波斯在他那本《忘记不快的艺术》里所说的:"一种舒适的安全感,一种内在的宁静,一种因快乐而反应迟钝的感觉,都能使人类在专心工作时精神镇静。"

而能做到这一点是多么的有福气。奥莎·约翰逊——世界最有名的女冒险家,她最近告诉我,她如何从忧虑与悲伤中得到解脱。你也许读过她的自传《与冒险结缘》,如果真有哪个女人能跟冒险结缘的话,也就只有她了。马丁·约翰逊在她16岁那一年娶了她,把她从堪萨斯州查那提镇的街上一把抱起,到婆罗洲的原始森林里才把她放下。25年来,这一对来自堪萨斯州的夫妇旅行全世界,拍摄在亚洲和非洲逐渐绝迹的野生动物的影片。9年前他们回到美国,到处做旅行演讲,放映他们那些有名的电影。他们在丹佛城搭飞机飞往西岸时飞机撞了山,马丁·约翰逊当场死亡,医生们都说

奥莎永远不能再下床了。可是他们对奥莎·约翰逊的认识并不够深，3个月之后，她就坐着轮椅，在一大群人的面前发表演说。事实上，那段时间里她发表过一百多次演讲，都是坐着轮椅去的。当我问她为什么这样做的时候，她回答说："我之所以这样做，是让我没有时间去悲伤和忧愁。"奥莎·约翰逊发现了比她早一世纪的丁尼生在诗句里所说的同一个真理："我必须让自己沉浸在工作里，否则我就会挣扎在绝望中。"

海军上将拜德之所以也能发现这同样的真理，是因为他在覆盖着冰雪的南极的小茅屋里单独住了5个月——在那冰天雪地里，藏着大自然最古老的秘密——在冰雪覆盖下，是一片没有人知道的、比美国和欧洲加起来都大的大陆。拜德上将独自度过的5个月里，方圆100英里内没有任何一种生物存在。天气奇冷，当风吹过他耳边的时候，他简直感觉他的呼吸被冻住，结得像水晶一般。在他那本名叫《孤寂》的书里，拜德上将叙述了在既难过又可怕的黑暗里所过的那5个月的生活。他一定得不停地忙着才不至于发疯。

"在夜晚，"他说，"当我把灯吹熄之前，我养成了分配第二天工作的习惯。就是说，为我自己安排下一步该做什么。比方说，一个小时去检查逃生用的隧道，半个小时去挖横坑，一个小时去弄清楚那些装置燃料的容器，一个小时在墙上挖出放书的地方来，再花两个小时去修雪橇……"

"能把时间分开来，"他说，"是一件非常好的事情，使我有一种可以主宰自我的感觉……"他又说："要是没有这些的话，那日子就过得没有目的。而没有目的的话，这些日子就会像平常一样，最后弄得崩解分裂。"

再重复一遍上面的话，如果没有目的的话，这些日子就会像平常一样，最后弄得崩解分裂。

要是我们为什么事情忧虑的话，让我们记住，我们可以把工作当作很好的古老治疗法！这正如哈佛大学医学院教授、已故的理查德·柯波特博士所说："作为一名医生，我很高兴看到工作可以治愈很多病人。他们所感染的，是由于过分迟疑、踌躇和恐惧等带来的病症……我们的工作带给我们的勇气，就像爱默生永恒不朽的光荣一样。"

第七章 用忙碌驱逐思想中的忧虑

大师金言

要是你和我不能一直忙着——如果我们闲坐在那里发愁——我们就会产生一大堆达尔文称之为"胡思乱想"的东西,而这些"胡思乱想"就像传说中的妖精,会掏空我们的思想,摧毁我们的行动力和意志力。

约翰·帕基夫人曾一度陷入忧虑之中,那时候,她感觉不到一点活着的乐趣,惶恐而紧张,晚上无法入睡,白天更是坐立不安。她有三个女儿,但她们住在离得很远的亲戚家里。丈夫退役不久,独自在外地准备成立一家法律事务所。

约翰·帕基夫人忧虑的状态不但影响了自己的生活,更大大影响了丈夫的事业和全家日常生活的安宁,丈夫找不到合适的住房,于是打算自己盖一栋。什么事情都已准备好,唯一希望的就是使她恢复健康。她对他的期望了解得越清楚,就越想努力恢复,但却越深地陷入忧虑。渐渐地,她对任何事情都心怀恐惧和惶恐。她觉得自己太失败了,完全失去了希望。她说:

"在那段最黯淡的日子里,是我的母亲帮助了我,令我重拾希望,我对此永世难忘,永远感谢她为我所做的一切。她鼓励我,斥责我自暴自弃。她激励我尽自己的全力去奋斗。她说,我对生活妥协,害怕面对现实,逃避生活。她要我勇敢地面对一切。

"于是,从那天起,我逐渐振作起来。在那个周末,我告诉父母说,他们不用留在这儿照顾我了,因为我已经好多了,可以自己收拾家务。我自己一个人完成那些家务,独自照看两个年幼的孩子,我的睡眠也渐渐恢复,也有了胃口,精神也变好了很多。一个星期后,当他们再来看望我时,看到我一边熨衣服一边轻松地哼着歌曲。我找到了平和满足的感觉,我战胜了我自己。这是我一辈子都会牢记的教训……假如你必须面对困境,那么不要害怕,勇敢地奋斗,不要逃避!

"从那时开始,我总是让自己忙忙碌碌,以工作为乐,后来还把孩子全都接了回来,我和丈夫和孩子们一起生活在那栋新房子里。我很清楚是因为自己恢复了健康,才让我们的家庭拥有一位快乐的母亲。我把全部精力都放在了家庭、孩子、丈夫——以及我自己之外的许多事情上——我还为此制定了不少计划。我每天都很忙,根本无暇想到自己。就在这个时候,我生命中真正的奇迹出现了。

"我的身体越来越强壮,我每天起床时,都对新的一天充满期望和喜悦,对生活充满喜悦。当然我有时还会感到低落,尤其在我累坏了的时候,我总会及时提醒自己,不要在情绪低潮时过于忧虑。因此,这样的情形越来越少出现,直到最后完全消失了。"

她拥有一位成功而满足的丈夫,三个快乐健康的好孩子,一个美满幸福的家庭,而她也发自内心的幸福安详。

让自己总是忙忙碌碌,以工作为乐,就没有时间去思考那些令人烦恼

第七章 用忙碌驱逐思想中的忧虑

的无谓的小事了,试想一下,有什么比健康的身体和幸福的生活更重要呢?

我认识的纽约的一个生意人,他用忙碌来赶走那些"胡思乱想",使他没有时间去烦恼和发愁。他的名字叫曲伯尔·朗曼,也是我的成人教育班的学生。他的办公室就在华尔街40号。他征服忧虑的经过非常有意思,也非常特殊,所以下课之后我请他和我一起去吃夜宵。我们在一间餐馆里面一直坐到半夜,谈到了他的那些经验。下面就是他告诉我的故事:

"18年前,我因为忧虑过度而得了失眠症。当时我非常紧张,脾气暴躁,而且非常不安。我想我就要精神崩溃了。

"我这样发愁是有原因的。我当时是纽约市西面百老汇大街皇冠水果制品公司的财务经理,我们投资了50万美元,把草莓包装在一加仑装的罐子里。过去20年里,我们一直把这种一加仑装的草莓卖给制造冰淇淋的厂商。

"突然我们的销售量大跌,因为那些大的冰淇淋制造厂商,像国家奶品公司等,产量急剧地增加,而为了节省开支和时间,他们都买36加仑一桶的桶装草莓。

"我们不仅没办法卖出价值50万美元的草莓,而且根据合约规定,在接下去的一年之内,我们还要再买入价值100万美元的草莓。我们已经向银行借了35万美元,既还不上钱,也无法再续借这笔借款,也难怪我要担忧了。

"我赶到加利福尼亚州华生维里我们的工厂里,想要让我们的总经理相信情况有所改变,我们可能面临毁灭的命运。他不肯相信,把这些问题的全部责任都归罪在纽约公司的身上——那些可怜的业务人员。

"在经过几天的讨论之后,我终于说服他不再这样包装草莓,而把新的供应品放在旧金山新鲜草莓市场上卖。这样做差不多可以解决我们大部分的困难,照理说我应该不再忧虑了,可是我还是做不到这一点。忧虑是一种习惯,而我已经染上这种习惯了。

75

卡耐基人性的优点经典全集

"当我回到纽约之后,开始为每一件事情担忧,在意大利买的樱桃,在夏威夷买的凤梨,等等。我非常紧张不安,睡不着觉,就像我刚刚说过的,我简直就快要精神崩溃了。

"在绝望中,我换了一种新的生活方式,结果治好了我的失眠症,也使我不再忧虑。我让自己忙碌着,忙到我必须付出所有的精力和时间,以至没有时间去忧虑。以前我一天工作7个小时,现在我开始一天工作15到16个小时。我每天清晨8点钟就到办公室,一直干到半夜,我接下新的工作,负起新的责任,等我半夜回到家的时候,总是筋疲力尽地倒在床上,不要几秒钟就不省人事了。

"这样过了差不多有3个月,等我改掉忧虑的习惯,又回到每天工作7到8小时的正常情形。这件事发生在18年前,从那以后我就再没有失眠和忧虑过。"

乔治·萧伯纳说得很对:"让人愁苦的原因就是,有空闲来思考自己到底快乐不快乐。"所以不必去想那些麻烦的事,下定决心,让自己忙起来,你的血液就会开始循环,你的思想就会开始变得敏锐。让自己一直忙着,这是世界上最便宜的一种药,也是最好的一种。

大师金言

我们不忙的时候,脑筋常常会变成真空,那些忧虑、恐惧、憎恨、嫉妒和羡慕等情绪就会趁机侵入我们的思想,把我们思想中所有平静的、快乐的思想和情绪都赶出去。

会计师迪尔·休斯发现了一个战胜忧虑的方法,那就是——保持忙碌。他这样讲述自己的经验:

"1943年,我住进新墨西哥州阿布奎基的一家军医院,当时我的肋骨断了三根,肺部也被刺穿。这件惨祸发生在夏威夷岛的一次陆战队两栖登陆演习中。那时我正准备从小艇跳到沙滩上,恰好一阵大浪袭来,将小艇浮起,我失去平衡,海浪把我抛到沙滩上,我感到摔下来的力量很重,折断了三根肋骨,其中一根正好刺进我右边的肺脏。

"在医院里待了3个月之后,我得到有生以来最严重的惊吓症——医生告诉我我的伤势完全没有好转的趋势。在经过多次的严肃考虑之后,我意识到过度的烦恼使我无法复原。我以前的生活一向十分活跃,多彩多姿,而这3个月以来,我却必须一天24小时平躺在病床上,什么也不能做,只能胡思乱想。我想得越多,就越烦恼。我担忧我是否能恢复我在世界中的地位,我担忧我是否会终生残废,以及是否还能够结婚,过上正常的生活。

"我催促医生将我移到隔壁病房,那间病房被称为乡下俱乐部,因为那儿的病人几乎获得完全自由的活动。

"在乡下俱乐部病房里,我开始对'合约桥牌'发生兴趣。我花了6个星期和其他的伙伴一起学习这种游戏,另外还阅读有关桥牌的书籍,终于把这种桥牌学会了。6周之后,我几乎每晚都打桥牌,同时对油画发生了极浓厚的兴趣,每天下午从3点到5点,我在一位教师的指导下学习这项艺术。我的某些作品画得极好,因此你一眼就可看出我画的究竟是什么东西。我同时尝试雕刻肥皂和木头,并阅读这方面的许多书籍,我感觉非常有趣。我让自己保持忙碌,因此没有时间为我的伤势烦恼。我甚至找时间来阅读红十字会赠送的心理学书籍。到了3个月的最后一天,医院的全体医护人员前来向我道贺,说我'进步极大'。那是自我出生以来所听见的最甜蜜的一句话,我高兴得真想放声大叫。

"我想说明的一点是,当我无事可做,只是成天躺在床上为我的将来烦恼时,我是没有一点进步。那时我用烦恼来残害自己的身体,甚至连那些折断的肋骨也无法好起来。但等到我专心一意玩起桥牌、油画、雕刻,而忘掉身外之事时,医生就跑来祝贺我:'进步极大。'

"现在,我过着正常而健康的生活,我的肺脏和你的一样好。"

卡耐基人性的优点经典全集

大师金言

记得爱尔兰剧作家萧伯纳说过这样一句话:"悲哀的秘诀,在于有闲暇来烦恼你是否快乐。"行动起来,尽量使自己忙碌,让自己一直不停地忙着。忧虑的人一定要让自己陷入忙碌之中,否则就只有在绝望中挣扎。

第八章

生命太短暂，不要为小事而垂头丧气

绝大多数人都能够很勇敢地面对生活中那些大的危机及困难的挑战，但是却常常被一些小事搞得垂头丧气、灰头土脸。生命太短暂，大风大浪都能过得去，还有什么可担忧的呢？

卡耐基人性的优点经典全集

我要告诉你一个最具戏剧性的故事,主人公名叫罗勃·摩尔。他住在新泽西州。

"1945年3月,我正乘坐一艘潜水艇,进入中南半岛276英尺(约84米)深的海底。在这里,我学到了一生中最重要的一课。我是S.S318潜水艇上88名军人中的一员。当时,我们的雷达侦查出一支日军舰队正朝我们驶来。到黎明时分,我们奉命反击,我看到一艘驱逐护航舰、一艘油轮和一艘布雷舰。

"我们发射了3枚鱼雷,但都没有打中。那些是工厂里粗制滥造出来的鱼雷,并非内行的它们没有有效地击中目标。接下来,我们准备打击最后一艘轮船。突然,布雷舰笔直向我们开过来,因为日本飞机用无线电探测到我们的位置。我们迅速潜入海底150英尺(约46米)深处,以免被它发现。我们关闭了所有的冷却系统和所有的发电机,做好应付深水炸弹的准备。

"仅仅过了3分钟,我就觉得天崩地裂,6枚深水炸弹在身边炸开,把我们逼到海底276英尺(约84米)的地方。我们非常害怕。整整过了15个小时,攻击才停止,很明显,那艘布雷船用光了所有的炸弹才离开。

"即便如此,潜艇周围依然不停地发生爆炸,如果炸弹距离潜水艇少于17英尺(约5.2米),潜艇就会被炸出一个洞。当时,我们奉命躺在床上,目的是保持镇定。我吓得呼吸都停止了,我暗想,这下死定了。虽然潜水艇里的温度有华氏100多度,但我害怕得全身发抖,不停地冒冷汗。对我来说,这15个小时相当于1500万年,曾经的生活一一浮现在眼前。

"我想起自己干过的坏事,曾经担心的一些无聊小事,比如担心没钱买房子、买车,没钱给妻子买漂亮衣服。我是多么憎恨我过去的老板,因为他总是不断地责备谁。我记得下班回到家,我经常为了一点芝麻小事和妻子吵架。我还为自己额头上的一个小伤疤——一次车祸留下的疤痕而发愁。

"多年以前,这些对我是多么大的忧虑。但是,当深水炸弹威胁到自己的生命时,我才明白,多年前令人发愁的事那么荒谬、那么渺小。我发

第八章 生命太短暂,不要为小事而垂头丧气

誓:如果还有机会看到太阳和月亮,自己将不再忧虑,永远,永远,永远。可以说,这 15 个小时让我学到的东西,远远超出了大学四年学到的知识。"

我们通常都能很勇敢地面对生活里那些大的危机——然后化解它们,但却会被那些小事搞得"头痛不已",垂头丧气。举个例子说,撒母耳·派布斯在他的日记里谈到他看见哈里·维尼爵士在伦敦被砍头的事:当哈里爵士走上断头台的时候,他并没有要求别人饶恕他的性命,而是要求刽子手不要砍中他脖子上那块有痛伤的地方。

这也正是拜德上将在又冷又黑的南极洲的夜晚所发现的另外一点——他手下那些人常常为一些小事情而难过,但对于大事却没有足够的关心。例如,他们能够毫无怨言地面对危险而艰苦工作,在华氏零下 80 度的寒冷中工作。"可是,"拜德上将说,"我却知道他们之间有好几个同在一间办公室的人彼此不讲话,因为他们怀疑对方乱放东西,占了他们

自己的空间。我还知道队上有一个讲究所谓空腹进食、细嚼慢咽的家伙，每口食物一定要嚼过 28 次才吞下去，而另外有一个人，一定要在大厅里找一个看不见这家伙的位子坐着，才可以把饭吃下去。"

"在南极的营地里，"拜德上将说，"任何类似的小事情都可能把训练有素的人逼疯。"

你也许可以加上这句，拜德上将那句"小事"如果发生在夫妻生活里，也会把人逼疯，甚至还会造成"世界上半数的伤心之事"。

至少，这话也是权威人士说的。比方说，芝加哥的约瑟夫·沙巴士法官在仲裁了 4 万多件婚姻案件之后说道："婚姻生活之所以不美满，最基本的原因通常都是一些小事情。"而纽约州的地方检察官弗兰克·荷根也说："我们的刑事案件里，有一半以上都是因为一些很小的事情：在酒吧里逞英雄；为一些小事情争吵而侮辱了别人；措辞不当；行为粗鲁；等。就是这些小事情，结果引起伤害和谋杀。真正天性残忍的人很少，一些犯了大错的人，都是由于自尊心受到小小的损害。"

大师金言

一些微不足道的小事，一点点的屈辱，或虚荣心得不到满足，结果导致世界上过半数的伤心事。

据说伊莲娜·罗斯福刚结婚的时候，"每天都在担心"，因为她的新厨子手艺很差很差。"可是，如果事情发生在现在，"罗斯福夫人说，"我就会耸耸肩，把这事给忘了。"这才是一个成年人的做法。就连凯瑟琳——这位最专制的俄国女皇，在厨子把饭做坏了的时候，她也通常只是一笑了之。

有一次，夫人和我到芝加哥一个朋友家里吃饭。分菜的时候，朋友出了一些小错。当时我并没有注意到，即使注意到了，我也不会在乎的。可是他的太太看见了,马上当着我们的面跳起来指责他,"约翰,"她大声叫道,"看看你在搞什么!难道你就永远也学不会怎样分菜吗?"随后她对

我们说:"他总是出错,根本就不肯用心。"也许他的确没有好好地做,可是我实在佩服他能够跟他太太相处 20 年之久。坦白地说,我情愿只吃两个抹上芥末的热狗——只要能吃得很舒服——也不愿一边听她唠唠叨叨,一边吃着山珍海味。

在那件事情之后不久,我夫人和我请了几位朋友到家里来吃晚饭。就在他们快来的时候,我夫人发现有 3 条餐巾和桌布的颜色不相配。

"我冲到厨房里,"她后来告诉我说,"结果发现另外 3 条餐巾送出去洗了。客人这时已经到了门口,我没有时间再换了,急得差点哭了出来。我当时只想:'为什么我会犯这么愚蠢的错误,毁了整个晚上?'然后我又想到:'为什么要让它毁了我呢?'于是,我走进去吃晚饭,决定好好地享受一下。而我果然做到了,我情愿让我的朋友们认为我是一个比较懒散的家庭主妇,也不想让他们认为我是一个神经兮兮、脾气暴躁的女人。而且据我所知,根本没有人注意到那些餐巾的问题。"

众所周知,有一条法律名言:"法律不会去管那些小事情。"人也不该为那些小事而忧虑,如果他希望求得内心安宁的话。

在大多数时间里,要想克服由小事情所引起的困扰,只需把着眼点和

83

重点转移一下就可以了——那就是让你有一个新的、能使你开心一点儿的看法。我的朋友荷马·克罗伊是个作家,他告诉我,过去他在写作的时候,常常被纽约公寓热水灯的响声吵得快要发疯了。"后来,有一次我和几个朋友出去露营,当我听到木柴烧得很旺时的响声,我突然想到:这些声音和热水灯的响声一样,为什么我会喜欢这个声音而讨厌那个声音呢,回来后我告诫自己:'火堆里木头的爆裂声很好听,热水灯的声音也差不多。我完全可以蒙头大睡,不去理会这些噪音。'结果,头几天我还注意它的声音,可不久我就完全忘记了它们。"

"很多小忧虑也是如此。我们不喜欢一些小事,结果弄得整个人很沮丧。其实,我们都夸大了那些小事的重要性……"

19世纪的英国政治家迪斯累利说:"生命太短促,不要关注恼人的小事。"

"这些话,"安德烈·摩瑞斯在杂志《本周》中说,"曾经帮助我克服了很多痛苦。我们常常被那些本该不屑一顾的小事弄得心烦意乱。人生只有短短的几十年,时间一去不复返,但我们会用很多时间担心一些小事,而这些事情,一年之内就会忘掉。所以,我们应该将时间用于值得做的行动上,比如伟大的思想、真正的感情。做我们该做的事情吧!生命太短促,不要理会恼人的小事。"

吉卜林是个名人,但是,他忘记了那句"生命太短促,不要理会烦人的小事"。结果呢?他和自己的舅舅打了一场维尔蒙历史上最有名的官司。这件事甚至还被写进了书里——拉迪亚德·吉卜林的维尔蒙世仇。故事是这样的:吉卜林娶了一个维尔蒙女子,他们在布拉陀布修建了一所漂亮房子,准备安度余生。他的舅舅比提·巴里斯特成了他最好的朋友,他们俩一起工作,一起游戏。

后来,吉卜林从比提·巴里斯特手里买了一块地,事先说好:每个季度,巴里斯特都可以从地里割草。一天,巴里斯特发现吉卜林在里面开了一个花园,他非常生气,不禁怒骂起来。吉卜林也反唇相讥,两人吵得天翻地覆,维尔蒙的绿山都蒙上了一层乌云。

第八章 生命太短暂，不要为小事而垂头丧气

几天后，吉卜林骑着自行车出去游玩，被巴里斯特的马车撞倒在地。此时，吉卜林完全忘了自己曾说过的"众人皆醉，你应独醒"，而把巴里斯特告上了法庭。这一消息从大城市迅速传到了小镇，不久就传遍了全世界。没有什么办法了。这场争吵导致吉卜林携着妻儿永远离开了美国度过他们的余生，而所有一切烦恼都不过是为了一车干草，一车干草而已。

下面是哈里·爱默生·福斯狄克讲过的一个故事，是关于森林里的一场战争胜负的故事。

科罗拉多州长山上躺着一棵大树，自然学家告诉我们，它有400多年的历史，在漫长的岁月中，它曾被闪电击中14次，至于狂风暴雨，几乎数都数不清，对于这些侵袭，它都能战胜。但最后，一些小甲虫使它永远倒在了地上。它们从根部开始咬，逐渐蔓延到内部，于是大树伤了元气，因为这些攻击虽然很小，却始终持续不断。就这样，一个森林里的巨人，岁月不能让它枯萎，闪电不能让它倒下，狂风暴雨不能让它动摇，却因为一

85

些用手指头就能捏死的小甲虫,最终倒了下来。

难道我们不像这棵经风历雨的大树吗?我们也曾经历无数的狂风暴雨和闪电,而且最终都挺过来了,却任凭忧虑的小甲虫——用手指就能捏死的小甲虫咬噬自己。

几年前,我在旅行时经过提顿国家公园,和一些朋友约查尔斯·西费德先生——他是怀俄明州公路局局长去参观约翰·洛克菲勒在公园里的房子。结果我的汽车拐错了一个弯,迟到了一个多小时,西费德先生早就到了,但他没有钥匙,只好在那个又热、蚊子又多的森林里等着。我们到的时候,蚊子已经多得让圣人发疯,而西费德先生正在吹笛子——他用白杨树枝做的。应该说,这个小笛子是个纪念品,纪念一个不被小事困扰的人。

如果你不希望忧虑毁了自己,就要改变这个习惯。不要让自己为小事而垂头丧气,它们本应该被丢开或忘记。

要记住:"生命太短促。"

大师金言

想想你曾为之忧虑的那些事情,有多少是微不足道的,它们对你的生活、你的人生能有多大的影响呢?不如放宽心胸,把忧虑的时间用来更好地享受生活。

第九章

根据概率,不幸很少发生

人生会发生很多事,有些事是难以预测的。一个人往往会被各种盘根错节的事所缠绕,使自己的心无法安静下来。如果静下心来,好好想一想,无法预测的事终究无法避免,而你自己臆想的某些事情根据概率往往发生的可能性很小,那你还何必自寻烦恼呢?

小时候，我是在密苏里的农场长大的。一天，当在帮母亲摘樱桃的时候，我突然哭了起来。母亲问："戴尔，这个世界上有什么可以让你哭的呢？"我抽泣着说："我担心自己会被活埋。"

那时候，我心中充满恐惧。当雷电袭来时，我担心会被闪电击中；当艰难时刻来临时，我担心会没有足够的食物可吃；我是如此忧虑，甚至担心死后会进地狱；我曾经非常害怕一个大男孩，他叫山姆·怀特，担心他会割下我的耳朵，就像他曾威胁我的那样；我担心女孩们在我脱帽致敬时会取笑我；我担心没有女孩子会愿意嫁给我；我担心我们结婚以后我该对我的妻子说些什么，我想象着我们在某一个国家教堂里结婚，然后坐一辆带有顶棚的游览马车回到我们的农场。但是我们怎样才能在回农场的路上保持谈话呢？怎么办？怎么办？……我常常花很多时间去思索这些看似惊天动地的事情。

日子一天天过去，我渐渐发现，自己担心的那些事有99%都没有发生。

举个例子说，就像我已经说过的那样，我曾经一度受到雷电的惊吓，但是现在我知道我在任何一年里都有被雷电击中的机会，但按照国家安全理事会的说法，我被闪电击中的概率只有三十五万分之一。

第九章 根据概率,不幸很少发生

我曾经担心我会被活埋,我不能想象。即便是发明木乃伊之前,它的概率也只有一千万分之一,但我却为此忧虑地哭过。

而 8 个人中有 1 个会死于癌症,所以,如果我一定要担心,也应该为自己可能患上癌症担心,而不是被活埋或被闪电击中。

确实,我说到的这些忧虑确实很荒谬,但很多成年人的忧虑也同样荒谬。你和我可以根据概率计算一下,如果我们根据我们曾经忧虑的那些事情计算一下,然后确定自己那些担心是不是值得,其结果是,我们 90% 的忧虑恐怕都会自然消除。

伦敦的罗埃德保险公司是世界上最有名的保险公司,它就是依靠人们担心一些根本不会发生的事情,而赚到了数不清的美元。罗埃德保险公司被称为"保险",也不过是在和人打赌——一种以概率为根据的赌博。它向你保证所有灾祸的发生,但灾祸的概率并不像人们想象得那么常见。这家大保险公司已经存在了 200 年,而且记录良好,除非人的本性会发生改变,否则,从现在起,它至少还能继续维持五千年。通过投保鞋子、轮船、蜂蜡免于灾难,而它们真正发生的概率比人们想象的要低得多。

如果我们计算一下概率,我们通常会为自己所发现的事实而惊讶。举个例子说,我知道每隔 5 年就会发生一场战争,而且像葛底斯堡战役那样激烈,我肯定会被吓得半死,然后想尽办法增加人寿保险费用,写下遗嘱,并将财产变卖一空。我会说:"或许我无法逃脱这场战争,所以最好是在剩下的日子里随心所欲地活着。"但是,事实是,按照平均概率计算,那确实是一种危险,而且可能是致命的,在 50 岁—55 岁之间,每 1000 个人的死亡人数和葛底斯堡战役中的阵亡人数相等。我为什么要说这些呢?因为在和平时期,在 50 岁—55 岁之间死亡的与在葛底斯堡战役中 163 000 士兵中阵亡的人数是相当的。

大师金言

天下本无事,庸人自扰之。为了很少可能发生的灾难,为了很可能不会发生的不幸的事情去忧虑是不值得的。

一年夏天,我来到加拿大落基山区,在湖边认识了赫伯特·沙林吉夫妇。沙林吉一家住在旧金山太平洋林荫道2298号。沙林吉夫人非常平静沉着,她给我的印象是从来不会忧虑。一天晚上,我问她:"你是否被忧虑困扰过?""困扰?"她说,"没那么简单,我的生活几乎被忧虑摧毁。在我学会克服忧虑之前,我在自作自受的苦海中度过了整整11年。那时候,我脾气暴躁,情绪非常紧张,我生活在恐惧之中。那时,我每个星期都要乘汽车从我家到旧金山的百货商店买东西。但是,即使在购物的时候,我也慌乱不已,担心电熨斗连接烫衣板,可能会引起火灾,也许我们的房子被烧了,也许佣人逃跑了丢下了孩子们,或者孩子们被自行车汽车撞死了。在我买东西的这段时间,这些担心常常折磨得我浑身直冒冷汗,最后不得不冲出商店跑回家,看看一切是否安好。在这种情况下,我的第一次婚姻结束了。

"我的第二任丈夫是个律师——很文静,有分析能力,从来没有为任何事情忧虑过。每当我神情紧张或焦虑的时候,他就会对我说:'不要慌,让我们好好地想一想……你真正担心的到底是什么呢?让我们看一看事情发生的概率,看看这种事情是不是有可能会发生。'举个例子来说,我还记得有一次,我们在新墨西哥州。我们从阿尔伯库基开车到卡尔斯巴德洞窟去,途中经过一条土路,半路上碰到了一场很可怕的暴风雨。汽车一直下滑着,我们没办法控制,我想我们一定会滑到路边的沟里去,可是我的先生一直不停地对我说:'我现在开得很慢,不会出什么事的。即使汽车滑进了沟里,根据概率计算,我们受伤的可能性也很小。'他的镇定和信心使我平静下来。

第九章 根据概率,不幸很少发生

"有一年夏天,我们到加拿大的洛基山区的图坎山谷去露营。有天晚上,我们的营帐扎在海拔 7000 英尺(约 2134 米)高的地方,突然遇到暴风雨,好像要把我们的帐篷撕成碎片。帐篷是用绳子绑在一个木制的平台上的,在狂风暴雨中它不断地抖着,摇着,发出尖厉的声音。我每一分钟都在想:我们的帐篷会被吹垮了,吹到天上去。我当时真吓坏了,可是我先生不停地说着:'我说,亲爱的,我们有好几个印第安向导,这些人对一切都知道得很清楚。他们在这些山地里扎营都有 60 年了,这个营帐在这里也过了很多年,到现在还没有被吹掉,根据发生的概率来看,今天晚上也不会被吹掉。而即使被吹掉的话,我们也可以躲到另外一个营帐里去,所以不要紧张。'……我放松了心情,那天晚上,我睡得非常熟。

"几年以前,小儿麻痹症横扫加利福尼亚州我们所住的那一带。要是在以前,我一定会惊慌失措,可是我先生叫我保持镇定,我们尽可能采取了所有的预防方法:不让小孩子出入公共场所,暂时不去上学,不去看电

影。在和卫生署联络过之后，我们发现，到目前为止，即使是在加利福尼亚州所发生过的最严重的一次小儿麻痹症流行时，整个加利福尼亚州只有 1835 个孩子染上了这种病。而平常，一般的数目只在 200 到 300 之间。虽然这些数字听起来还是很惨，可是到底让我们感觉到：根据发生的概率看起来，某一个孩子受感染的机会实在是很小。"

"根据平均概率，这种事情不会发生。"这句话摧毁了我 90% 的忧虑，使我过去 20 年来的生活都过得令人有点意想不到的美好而平静。

当我回顾过去的几十年时，我发现，大部分的忧虑也都是因此而来的。吉姆·格兰特是纽约富兰克林市格兰特批发公司的老板，每次要从佛罗里达州买 10 车到 15 车的橘子等水果。他告诉我，他的经历也是如此。以前，他常常想到很多无聊的问题：比方说，万一火车失事变成残骸怎么办？万一他的水果滚得满地都是怎么办？万一车子正好经过一座桥，而桥梁突然垮了怎么办？当然，这些水果都是经过保险的，可他还是怕万一没有按时把水果送到，他可能就会有失掉市场的危险。他甚至怀疑自己因忧虑过度而得了胃溃疡，因此去找医生检查。医生告诉他说，他没有任何毛病，只是太过紧张了。

"这时候我才明白，"他说，"我开始问自己一些问题。我对自己说：'注意，吉姆·格兰特，这么多年来你送过多少车的水果？'答案是：'大概有 25 000 多车。'然后我问自己：'这么多车次中有过几次车祸？'答案是：'噢——大概有 5 次吧。'然后我对自己说：'一共 25 000 辆汽车，只有 5 次出事，你知道这意味着什么？出车祸的概率是五千分之一。换句话说，根据平均概率来看，以你过去的经验为基础，你的汽车出事的概率是 1∶5000，那么，你还有什么好担心的呢？'

"然后我对自己说：'嗯，说不定桥会塌下来呢！'然后我问自己：'在过去，你究竟有多少次是因为桥塌下来而损失什么了呢？'答案是：'一次也没有。'然后我对自己说：'那你为了一座根本从来也没有塌过的桥，为了五千分之一的汽车失事的概率居然愁得患上胃溃疡，不是太傻了吗？'"

第九章　根据概率,不幸很少发生

"当我这样来看这件事的时候,"吉姆·格兰特告诉我,"我觉得以前的自己实在太傻了。于是我就在那一刹那决定,以后让发生概率来替我担忧——从那以后,我就没有再为我的'胃溃疡'烦恼过。"

当艾尔·史密斯在纽约当州长的时候,我常听到他对攻击他的政敌一遍又一遍地说:"让我们看看纪录……让我们看看纪录。"接着,他就会把很多事实讲出来。下一次你和我要是再为可能会发生什么事情而忧虑,让我们学一学这位聪明的老艾尔·史密斯,让我们查一查以前的纪录,看看我们这样忧虑到底有没有什么道理。这也正是当年弗雷德里克·马尔施泰特害怕他自己躺在坟里的时候所做的事情。下面就是他在纽约成人教育班上所讲的故事:

"1944年6月初,我躺在奥玛哈海滩附近的一个战壕里。当时我正在999信号服务公司服役,而我们刚刚抵达诺曼底。我看了一眼地上那个长方形的战壕,就对我自己说:'这看起来就像一座坟墓。'当我躺下来准备睡在里面的时候,觉得那更像是一座坟墓,便忍不住对自己说:'也许这是我的坟墓呢。'到了晚上11点钟的时候,德军的轰炸机飞了过来,炸弹纷纷往下落,我吓得人都僵住了。前三天我简直没有办法睡得着,到了第四还是第五天夜里,我几乎精神崩溃。我知道如果我不赶紧想办法的话,我整个人就会发疯。所以我提醒自己说:已经过了五个夜晚了,而我还活得好好的,而且我们这一组的人也都活得很好,只有两个受了点轻伤。而他们之所以受伤,并不是因为被德军的炸弹炸到了,而是被我们自己的高射炮的碎片打中的。我决定做一些有意义的事情来停止我的忧虑,所以我在战壕中造了一个厚厚的木头屋顶以保护我不至于被碎弹片击中。我算了一下炸弹扩展开来所能到达的最远地方,并告诉自己:'只有炸弹直接命中,我才可能被炸死在这个又深、又窄的战壕里。'于是我算出直接命中的比率,恐怕还不到万分之一。这样子想了两三夜之后,我平静了下来,后来就连敌机袭击的时候,我也睡得非常安稳。"

美国海军也常用概率统计的数字来鼓舞士兵的士气。一个以前当海军的人告诉我,当他和他船上的伙伴被派到一艘油船上的时候,大家都吓坏了。这艘油轮运的都是高辛烷汽油，因此他们都相信，要是这条油轮被鱼雷击中，就会爆炸，并把每个人送上西天。

可是，美国海军有他们另一套办法。海军总部发布了一些十分精确的统计数字，指出被鱼雷击中的 100 艘油轮里，有 60 艘并没有沉到海里去，而真正沉下去的 40 艘里，只有 5 艘是在不到 5 分钟的时间沉下去的。那就是说，有足够的时间让你跳下船——也就是说，死在船上的概率非常之小。这样对士气有没有帮助呢？"知道了这些概率数字之后，我的忧虑一扫而光。"1969 年，住在明尼苏达州圣保罗市的克莱德·马斯——也就是讲这个故事的人说："船上的人都觉得好多了，我们知道我们有的是机会，根据概率数字来看，我们可能不会死在这里。"

要在忧虑摧毁你以前，先改掉忧虑的习惯，不妨试着这样来做："检查一下以前的记录，问问我们自己，我现在所担心发生的事情，发生的概率有多大？这种担忧是不是可以避免？"

大师金言

多数的忧虑和烦恼都是来自于一种想象而非现实，如果我们看一看以前的记录，看一看发生的概率，大概 90% 的忧虑都会自动清除了。

大卫斯商业学院创办人 C. I. 布莱克伍德向我们讲述了他怎样战胜烦恼。

那是在 1943 年的夏天，世界上近乎一半的烦恼仿佛全落在我的肩上。40 多年以来，我一直过着无忧无虑的平静生活，日常生活中所遇到的不过是做丈夫、父亲、商人经常碰到的小问题。遇到这些问题通常可以轻而易举地加以解决，但是突然间，六种难题突然同时向我袭来。我整夜辗转反侧，心中充满了忧虑，甚至害怕白天的来临。我所担忧的六大难题是：

（1）我一手创办的商学院濒临破产边缘，因为所有的男孩子都从军去了，而未受商业训练的女孩子在军火工厂工作，比在商学院受训毕业就职于商业公司的女孩子赚的钱还要多。

（2）我的大儿子正在服役，和天下所有的父母一样，我十分担心他的安危。

（3）俄克拉荷马市政府已开始计划征收一大片土地来建造机场，而我父亲留给我的房子就坐落在这片土地的中央。我了解到可能只能获得其总价十分之一的补偿金，而且更糟的是，当地房屋缺乏，在失去了自己的房屋之后，不知道是否能找到另一栋房子来供一家六口安身立命。我害怕住帐篷，甚至担心自己是否有能力购买一顶帐篷。

（4）因为附近刚刚挖了一条大排水沟，我的土地上的水井变得干涸了。再挖个新井需要耗费 600 美元，而这块土地已被征收，这样做已毫无价值。连续两个月，我必须每天一大早就到很远的地方去提水喂牲口，我担心战争结束以前，我会天天如此。

（5）我的住处离学校有 10 里远，而我领取的是"乙级汽油卡"，这表示我不能购买任何新轮胎，为此，我很担心。万一我那辆老爷福特车的轮胎爆了，我可能就无法上班了。

（6）大女儿提前一年高中毕业，一心一意想上大学，可是我没有足够

95

的经济能力供她上大学,我知道她一定十分伤心。

有一天下午,我呆坐在办公室里为这些难题发愁。我决定将它们全部写下来,我想没有人比我拥有的烦恼更多了。以前,只要有机会,我都会毫不在乎地花费时间精力来解决它们。但现在所有这些困难,在我看来似乎已完全失控了,已到了自己根本无法解决的地步。无可奈何之下,我只能用打字机把这些难题全部记录下来。几个月后,我已将这件事忘在脑后了。18个月后的一天,我在整理文件时,碰巧又看到了这张单子,上面详列了一度几乎令我崩溃的六大难题。

我以极大的兴趣看了一遍,发现所有的困难都已经过去了。

(1)我发现,担心商学院破产关门简直是瞎操心。不仅男孩子、女孩子照样报名入学接受教育,而且政府开始拨款补助商业学院,要求代为训练退伍军人。我的学院很快又恢复了往日的热闹气氛。

(2)我发现,过分担心儿子在部队中的处境也是没有必要的。他历经枪林弹雨,身上却连一点擦伤也没有。

(3)我发现,关于土地被征收一事的忧虑也是多余的,因为在我农场附近一里远的地方找到了石油,建机场的计划遂告作罢。

(4)我发现,担心没有水井打水喂牲口也是不必要的,当我知道土地不再被征收之后,我就立刻花钱挖了一个新井,挖得更深,水流源源不断。

(5)我发现,担心轮胎破裂也是愚蠢的。我将旧轮胎翻新之后,小心驾驶,结果轮胎一直没坏。

(6)我发现,担心女儿的教育问题也是不必要的。在开学前6天,我得到了一个查账的工作机会——简直是一个奇迹——赚的钱使我能够及时送她上大学。

常常听人说,我们所担心的事情99%不会发生,对这种说法我一直不以为然。一直到了18个月之后,当我找出那张单子时,才真正明白。99%的事不会发生,那么也就只有1%的可能行了。何必为这1%的概率而不快乐呢?

对于以前自己种种无谓的烦恼,我心存感激,因为它给了我一个永难

第九章　根据概率，不幸很少发生

磨灭的教训，使我明白对于那些永远不会发生的事情而心生无谓的烦恼是悲哀的，也是愚蠢的。

大师金言

请记住，今天就是你昨天所担心的明天。问问自己，我怎么知道自己今天所担心的事，明天真的会发生呢？

第十章

对于无法避免的事实坦然接受

生命中总会有一些不期而遇的事情降临到我们身上,如果是好的事情,我们当然乐于接受,但如果是糟糕的事情呢?叔本华是这样说的:"学会顺从,这是你在踏上人生旅途后最重要的一件事。"

卡耐基人性的优点经典全集

当我还是一个小男孩的时候,有一天,我和几个朋友一起在密苏里州西北部的一间荒废的老木屋的阁楼上玩。当我从阁楼上往下爬的时候,先在窗栏上站了一会儿,然后往下跳。我左手的食指上戴着一枚戒指,在我跳下去的时候,那个戒指钩住了一个钉子上,把我整个手指拉掉了。

我尖声地叫着,吓坏了,我以为自己死定了,可是等我的手好了之后,我就再也没有为这个烦恼过。烦恼又有什么用呢?……我接受了这个不可避免的事实。

现在,我几乎连续几个月不会去想,我的左手只有四个手指头这个事实。

几年前,我碰到一个在纽约市中心一家办公大楼里开货梯的人。我注意到他的左手齐腕砍断了。我问他少了那只手会不会觉得难过,他说:"噢,不会,我根本就不会想到它。我没有结婚,只有在要穿针的时候,才会想起这件事情来。"

令人惊讶的是,在不得不如此的情况下,我们差不多都能很快接受任何一种情形,以使自己适应,或者整个忘了它。

我常常想起在荷兰首都阿姆斯特丹的一座15世纪的老教堂,它的废墟上留有一行字:

事情既然如此,就不会是别的样子。

在漫长的岁月中,你我一定会碰到一些令人不快的情况,它们既是这样,就不可能是别的样子。我们也可以有所选择。我们可以把它们当做一种不可避免的情况加以接受,并且适应它,或者我们可以用忧虑毁了我们的生活,甚至最后可能会弄得精神崩溃。

下面是我最喜欢的心理学家、哲学家威廉·詹姆斯所提出的忠告:

"要乐于接受必然发生的情况。接受所发生的事实,是克服随之而来的任何不幸的第一步。"

住在俄勒冈州波特兰的伊丽莎白·康内莉,却经过很多困难才学到这一点。下面是一封她最近写给我的信:"美国庆祝陆军在北非获胜的那一天,我接到国防部送来的一封电报,我的侄儿——我最爱的人——在战

第十章 对于无法避免的事实坦然接受

场上失踪了。过了不久,又来了一封电报,说他已经死了……

"我极度悲伤。在那件事发生以前,我一直觉得生命多么美好,我有一份自己喜欢的工作,努力带大了这个侄儿。在我看来,他代表了年轻人美好的一切。我觉得我以前的努力,现在都有了很好的收获……然而,却收到了这样的电报,我的整个世界都粉碎了,我的生命已一无所有。我开

始忽视自己的工作,忽视朋友,我抛开了一切,既冷淡又怨恨。为什么我最疼爱的侄儿会离我而去?为什么一个这么好的孩子,还没有真正开始他的生活就死在战场上?我无法接受这个事实。我悲痛欲绝,决定放弃工作,离开我的家乡,把自己藏在眼泪和悔恨之中。

"就在我清理桌子、准备辞职的时候,突然看到一封我已经忘了的信——一封从我这个已经死了的侄儿那里寄来的信。是几年前我母亲去世的时候,他写给我的一封信。

"'当然,我们都会想念她的,'那封信上说,'尤其是你。不过我知道你

会撑过去的,以你个人对人生的看法,就能让你撑得过去。我永远也不会忘记那些你教给我的美丽的真理:不论活在哪里,不论我们分离得有多远,我永远都会记得你教给我要微笑,要像一个男子汉,承受所发生的一切。'

"我把那封信读了一遍又一遍,觉得他似乎就在我的身边,仿佛在对我说:'你为什么不照你教给我的办法去做呢?坚持下去,不论发生什么事情,把你个人的悲伤藏在微笑底下,继续活下去。'

"于是,我重新回去开始工作,不再对人冷淡无礼。我一再对我自己说:'事情到了这个地步,我没有能力去改变它,不过我能够像他所希望的那样继续活下去。'我把所有的思想和精力都用在工作上,我写信给前方的士兵——给别人的儿子们。晚上,我参加成人教育班——要找出新的兴趣,结交新的朋友。我几乎不敢相信发生在我身上的种种变化。我不再为已经永远过去的那些事悲伤,现在我每天的生活都充满了快乐——就像我的侄儿要我做到的那样。"

伊丽莎白·康内莉学到了我们所有人迟早要学到的东西,那就是必须接受和适应那些不可避免的事。这不是很容易学会的一课,就连那些在位的皇帝们也要常常提醒自己这样去做。已故的乔治五世在他白金汉宫的墙壁上挂着这样一句话:"教我不要因月亮或打翻牛奶而哭泣。"

同样的这个想法,叔本华是这样说的:"学会顺从,这是你在踏上人生旅途后最重要的一件事。"

很显然,环境本身并不能使我们快乐或不快乐,我们对周遭环境的反应才能决定我们的感觉。

大师金言

必要的时候,我们都能忍受得住灾难和悲剧,甚至战胜它们,如果我们想这么做的话。我们也许以为自己办不到,但我们内在的力量却强大得比我们想象的更惊人,只要我们加以利用,就能帮助我们战胜一切。

第十章 对于无法避免的事实坦然接受

已故的布斯·塔金顿总是这样说:"人生加诸我身上的任何事情,我都能承受,但除了一样——失明,那是我永远也无法忍受的。"

但是,在某一天,这种不幸偏偏降临了,在他60多岁的时候,他低头看地上的地毯,发觉他无法看清楚地毯的花纹。他去找了一位眼科专家,证实了那不幸的事实:他的视力在减退,有一只眼睛几乎全瞎了,另一只也好不了多少。他最担心的事情终于在他身上发生了。

塔金顿对这种"无法忍受"的最坏的灾难有什么反应呢?他是不是觉得"这下完了,我这一辈子到这里就完了"呢?没有,他自己也没有想到他还能觉得非常开心,甚至于还能运用他的幽默。以前,浮动的"黑斑"令他很难过,它们时时在他眼前游过,遮断他的视线,可是现在,当那些最大的黑斑从他眼前晃过的时候,他却会说:"嘿,又是老黑斑爷爷来了,不知道今天这么好的天气,它要到哪里去。"

命运能够征服人的精神吗?答案是否定的。当塔金顿完全失明以后,他说:"我发现我能承受视力的丧失,就像一个人能承受别的事情一样。哪怕是我五种感官全丧失了能力,我知道我还能够继续生存在我的思想里,因为我们只有在思想里才能够看,只有在思想里才能够生活,无论我们是否清楚这一点。"

为了恢复视力,塔金顿在一年之内接受了12次手术,为他动手术的是当地的眼科医生。他有没有害怕呢?没有,他知道这都是必要的,他知道他没有办法逃避,所以唯一能减轻他痛苦的办法就是勇敢地去接受它。他拒绝在医院里用私人病房,而住进大病房里,和其他的病人在一起。他试着去使大家开心,而在他必须接受好几次的手术时——他很清楚地知道在他眼睛里动了些什么手术——他总是尽力让自己去想他是多么幸运。"多么好啊,"他说,"多么妙啊,现在科学的发展已经有了这种技巧,能够为像人的眼睛这么纤细的东西动手术了。"

一般人如果经历12次以上的手术和长期黑暗中的生活,恐怕早已变成神经质了。可是,塔金顿却说:"我可不愿意把这次经历拿去换一些更不开心的事情。"这件事教会他如何接受灾难,使他了解到生命带给他的没有一样是他的能力所不及而不能忍受的。这件事也使他领悟了富尔顿所说的"失明并不令人难过,难过的是你不能忍受失明"这句话的道理。

如果我们因此而退缩,或者是加以反抗,或者是为它难过,我们也不可能改变那些已经发生的不可避免的事实。但是我们可以改变自己,我知道,因为我就亲身试过。

有一次,我拒绝接受我所遇到的一件不可避免的事情,我做了一件傻事,想反抗它,结果我失眠了好几夜并且痛苦不堪。我开始让自己想起所有那些我不愿意想的事情,经过这样一年的自我虐待,我终于接受了这些不可能改变的事实。

我应该在几年前就朗诵瓦尔特·惠特曼的诗句:

"哦,要像树和动物一样面对黑暗、暴风、饥饿、欺骗、意外和挫折。"

我这样说是不是意味着我们面对任何挫折都要低声下气呢?绝对不是!那样就是一个宿命论者了。不管处于何种情况,只要还有一点儿挽回余地,我们就要不断地奋斗。但是,当常识告诉我们,事情不可避免,也不会出现任何转机时,那么最理智的做法就是不要庸人自扰。

哥伦比亚大学的赫基斯院长已去世了很久,他曾经写过一首打油诗,并将其作为自己的座右铭:

第十章 对于无法避免的事实坦然接受

天下疾病多,数也数不清,
有的可以治,有的治不好。
如果还有救,就该把药找,
如果治不好,干脆就忘掉。

在写这本书时,我曾采访过很多著名的美国商界领袖。他们给我留下了深刻的印象,其中印象最深的是,他们多半都能接受无法避免的局面,让自己的生活始终无忧无虑。如果他们不具备这种能力,很快就会被巨大的压力打垮。这里有几个例子我想来说明我的意思。

J. C. 潘尼就是个很好的事例,他创办了遍布全美的连锁店,他告诉我说:"就算我赔光了所有的钱,我也不担心,因为忧虑不能带给我任何东西,我只能尽量把工作做好,至于结果,就交给上帝了。"

亨利·福特说过一句类似的话:"如果我遇到处理不了的事情,我就让属下自己去解决。"

当我询问 K. T. 凯勒先生——这位克莱斯勒公司的总经理他是怎样消除烦恼的时候,他说:"如果我碰到非常棘手的事情,只要有办法解决,我就会尽力去做,如果没办法,我干脆就忘掉它。我从不为未来忧虑,因为没人知道未来会如何,影响它的因素太多,何必白白浪费时间呢?"如果你认为凯勒是个哲学家,他一定会觉得不好意思,因为他认为自己不过是个出色的商人。不过,他这种理论和古罗马大哲学家伊庇克特修斯的差不多,后者告诫罗马人:"快乐之道没有别的,仅仅在于不要为超出自己能力的事情忧虑。"

莎拉·班哈特也是深谙此道的女子。半个世纪以来,她始终是四大州歌剧院独占鳌头的皇后,全世界的观众深深地崇拜她。然而,在她71岁那年她破产了,而且她的身体也发生了变化,医生波基教授告诉她必须锯掉双腿。因为她在越过大西洋的时候,在一次暴风雨袭来猛扑甲板严重伤害了她的腿。她的静脉炎很重,她的腿也软了。她的病痛非常严重,医生认为她的腿不得不锯掉。当波基教授把这个可怕的消息告诉莎拉时,他以为莎拉一定会暴跳如雷,她会说:"上帝呀,要对我做什么!"

105

但事实出乎他的意料，莎拉仅仅看了他一眼，然后平静地说："如果没有其他选择，那就只好这样了。"

莎拉进入手术室前，她的儿子在一边痛哭流涕，她却挥着手说："别走开，我马上就出来。"一路上，她为医生、护士朗诵自己的台词，让他们放松，莎拉说："他们的压力比我大得多。"

莎拉·班哈特恢复健康后，继续周游世界，让她的观众们疯狂了七年。

爱尔西·麦克密克在《读者文摘》的一篇文章里说："当我们不再反抗那些不可避免的事实之后，我们就可以节省精力，创造更丰富的生活。"

大师金言

任何人都不会有多余的情感和精力来抗拒不可避免的事实，同时又创造新的生活。你只能在两者之间选其一：你可以在生活中发生的不可

第十章 对于无法避免的事实坦然接受

避免的暴风雨之下弯腰曲身,或者你可以抗拒它们而被摧毁。

我在密苏里州自己的农场上就看过这样的情景。当时,我在农场种了几十棵树,起先它们长得非常快,后来一阵冰雹下来,每一根细小的树枝上都堆满了一层厚重的冰。这些树枝在重压下并没有顺从地弯下来,却很骄傲地硬挺着,最后在沉重的压力下折断了——然后不得不被毁掉。它们不像北方的树木那样聪明。我曾经在加拿大看到过长达好几百英里的常青树林,没有一棵柏树或是一株松树被冰或冰雹压垮。这些常青树知道怎么去顺从,怎么弯垂下它们的枝条,怎么适应那些不可避免的情况。

日本的柔道大师教他们的学生"要像杨柳一样柔顺,不要像橡树一样直挺"。

你知道汽车的轮胎为什么能在路上支持那么久,忍受得了那么多的颠簸吗?最初,有的人想要制造一种轮胎,能够抗拒路上的颠簸,结果轮胎不久就被颠簸成了碎块。后来他们做出一种轮胎,可以吸收路上所碰到的各种压力,这样的轮胎可以"接受一切"。如果我们在多难的人生旅途上,也能承受所有的挫折和颠簸的话,我们就能够活得更长久,并能享受更顺利的旅程。

如果我们不顺服,而是反抗生命中所遇到的各种挫折,那我们会碰到什么样的事情呢?如果我们在命运面前不能"向柳树一样弯曲",而是坚持像橡树那样抵抗,那我们会碰到什么样的事情呢?答案非常简单:我们就会产生一连串内在的矛盾——忧虑、紧张,并且急躁而神经质。

如果我们再进一步,抛弃现实世界的各种不快,退缩到一个我们自己创造的梦幻世界中,那么我们就会精神错乱、心神不宁了。

在战时,成千上万的心怀恐惧的士兵只有两种选择:他们要么接受那些不可避免的事实,要么在压力之下崩溃。让我们举个例子,下面这个故

107

事是威廉·卡塞纽斯在纽约成人教育班上所说的一个得奖的故事：

"我在加入海岸防卫队后不久，就被派到大西洋边的一个单位。他们安排我监管炸药。想想看，我——一个卖小饼干的店员，居然成为管炸药的人！光是想到站在几千几万吨 TNT 上，就足以把一个卖饼干的店员连骨髓都吓得冻住了。我只接受了两天的训练，而我所学到的东西让我的内心更加充满了恐惧。我永远也忘不了我第一次执行任务时的情形。那天又黑又冷，还下着雾，我奉命到新泽西州贝永的卡文角执行任务。

"我奉命负责船上的第五号舱，并且和 5 个码头工人一起工作。他们身强力壮，可是对炸药却一无所知。他们正将重 2000 到 4000 磅的炸弹往船上装，每一个炸弹都包含 1 吨的 TNT，足够把那条老船炸得粉碎。我们用两条铁索把炸弹吊到船上，我不停地对自己说，万一有一条铁索滑溜了，或是断了，噢，我的妈呀！我可真害怕极了。我浑身颤抖，嘴里发干，两个膝盖发软，心跳得很厉害。可是我不能跑开，因为那样就是逃亡，不但我会丢脸，我的父母也会丢脸，而且我可能因为逃亡而被枪毙。我不能跑，只能留下来。我一直看着那些码头工人毫不在乎地把炸弹搬来搬去，心想，船随时都会被炸掉。在我担惊受怕、紧张了一个多小时之后，我终于开始运用我的普通常识。我跟自己好好地谈了谈，并说：'你听着，就算你被炸死了，又怎么样？你反正也没有什么感觉了。这种死法倒痛快得

第十章 对于无法避免的事实坦然接受

很,总比死于癌症要好得多。不要做傻瓜,你不可能永远活着,这件工作不能不做,否则要被枪毙,所以你还不如做得开朗点。'

"我这样跟自己讲了几个小时,然后开始觉得轻松了些。最后,我克服了我的忧虑和恐惧,让我自己接受了那不可避免的情况。

"我永远也忘不了这段经历,现在每逢我要为一些不可能改变的事实忧虑的时候,我就耸下肩膀说:'忘了吧。'我发现那很起作用,即使是对饼干推销员也一样。"

好极了,让我们三声欢呼,再为这位卖饼干的推销员多欢呼一声。

除了耶稣基督被钉在十字架以外,历史上最有名的死亡莫过于苏格拉底之死了。即使100万年以后,人类恐怕还会欣赏柏拉图对这件事所作的不朽的描写——也是所有的文学作品中最动人的一章。雅典的一些人,对打着赤脚的苏格拉底又嫉妒又羡慕,给他罗织一些罪名,把他审问之后处以死刑。当那个善良的狱卒把毒酒交给苏格拉底时,对他说道:"对必然之事,试着轻快地去接受。"苏格拉底确实做到了这一点,他非常平静而顺从,面对死亡,那种态度真可以算是圣人了。

"对必然之事,试着轻快地接受。"这些话是苏格拉底在公元前399年说的。但在这个充满忧虑的世界,今天比以往任何时候更需要这几句话:"对必然之事,试着轻快地接受。"

在过去的8年中,我专门阅读了我所能找到的所有关于怎样消除忧虑的每本书和每篇文章。你可知道,在读过这些文章之后,我所找到的最好的一点忠告是什么吗?好了,就是下面这句话——你和我都应该一直面对洗手间的镜子,这样我们就能随时洗掉我们脸上和心里的烦恼。这些无价的祈祷词是纽约联合工业神学院实用神学教授雷恩贺·纽伯尔提供给我们的,它们是:

神啊,请赐我沉静,

去接受我不能改变的事;

请赐我勇气,去改变我能改变的事;

请赐我智慧,去发现两者的区别。

109

大师金言

要在忧虑毁了你之前,先改掉忧虑的习惯,你要试着告诉自己:接受不可避免的事实。

1918年,《先知》作者R.V.C.波德莱离开了自己熟悉的生活圈子,来到非洲西北部和游牧的阿拉伯人一起住在撒哈拉。他在那里待了7年。他熟练运用他们的语言,吃的、穿的和他们一样,生活方式也完全和他们相同,他也拥有羊群,和他们一样住在帐篷里。他研究他们的信仰,还写了一本名为《先知》的书,讲述穆罕默德的故事。

他说,和游牧的牧羊人在一起的那7年,是他生命中最安详、满足的一段时间。

波德莱的生活可谓丰富多彩,有各种各样的经验。他生于巴黎,父母都是英国人,在法国生活到9岁。从英国著名的伊顿公学和皇家军事学院毕业后,他成了一名陆军军官并在印度住了6年,在那里,他打马球、打猎、去喜马拉雅山探险。第一次世界大战爆发后,他参战,在战争结束时,以助理军事武官的身份参加了巴黎和会,正是那次巴黎和会上的见闻令他吃惊而愤慨。在西方前线的4年战场生涯中,他坚信我们是为了正义和文明而战,可在巴黎和会上,他看到的却是那些政客自私自利的嘴脸。他认为是他们为第二次世界大战埋下了导火索——他们都在为自己的国家争夺土地,制造国与国之间的矛盾,到处是各种阴谋和密谈。

波德莱厌倦了战争,厌倦了军队,厌倦了社会。他第一次无法在夜里安睡,他不知道自己应该从事什么行业,并为此烦恼。他的好友里夫·乔治劝他步入政坛。这时,"泰德"劳伦斯,就是一战中最具传奇色彩的"阿拉伯的劳伦斯"与他谈了3分钟,建议他到阿拉伯的沙漠去体验一下完全不同的生活。

他离开军队,接受了劳伦斯的劝告,去沙漠和阿拉伯人一起生活。

第十章　对于无法避免的事实坦然接受

在阿拉伯沙漠,那里的人民将穆罕默德在《古兰经》里的每一句话都奉若安拉的圣言。他们完全相信《古兰经》里所说的"真主(安拉)创造了你和你的行为",并实实在在地接受下来,波德莱认为这正是他们遇事不急不躁、处之泰然的原因所在。当事情出了差错,他们也不发那些不必要的脾气。他们知道,有些事情早已注定,除了真主,没有人能够改变。当然,他们并不是坐在那里傻等着灾难的发生。

有一次,波德莱经历了一场炙热暴风的考验。那场暴风连刮了三天三夜,强劲的风居然把撒哈拉的沙子一直吹到了法国的隆河河谷。那阵暴风酷热,头皮似乎要被烧焦,嗓子干涩疼痛,眼睛火辣辣地疼,嘴里全是沙子,我感觉像是站在玻璃厂的大熔炉前。他努力保持着冷静,可那些阿拉伯人并不抱怨,他们耸耸肩膀,而是坦然接受。

大风暴终于结束了,他们马上开始行动,先是把羊群赶到南边有水的地方喝水,然后杀死那些已经不能存活的小羊羔,这样做也可以挽救母羊。所有这些行动都是在冷静中完成的,他们对于损失没有忧虑、抱怨或哀悼。一位部落酋长说:"感谢真主,没让我们损失所有的一切,还剩下40%的羊群,我们可以重新开始。"

还有一次,波德莱和阿拉伯人一起坐车穿越大沙漠,半路上汽车轮胎爆了一只,偏偏司机忘了带备用胎,他们只剩下三只轮胎。波德莱非常恼火,问那些阿拉伯人该怎么办。他们却平静地说,发脾气也于事无补,只会使人觉得更烦躁。爆胎是安拉的旨意,没有办法可想。于是,他们坐着3个轮子的车继续前进,可没走多远,车子又停住了——这回是没油了。他们没有一个人对此抱怨,酋长只有一句轻轻的祈祷。他们并不因为司机所带的汽油不足而向他大声咆哮,大家反而保持冷静,一路上还不停地唱着欢快的歌曲。

在和阿拉伯人生活的7年中,波德莱终于明白那些在美国和欧洲常见的酗酒、疯狂及精神问题,追究根源正是现代人引以为傲的文明生活所制造出来的。

而在撒哈拉,波德莱就没有烦恼,他在那里找到了大部分人想要寻找却难以找到的——生理和心理的满足与平和。而这正是我们大多数人努力寻找却找不到的东西。

很多人认为宿命论愚蠢可笑,或许他们是对的。但是有许多事情都能让我们感觉到,命运是上天早已安排好的。假如波德莱在1919年那个酷热的八月午后,没有和"阿拉伯的劳伦斯"谈上3分钟,那他将会走上完全不同的人生道路。

以后的日子里,波德莱常常会回首过去,他发现生活中无处不受到无法控制的时间的影响。虽然他已经离开撒哈拉,但很多年来,他仍保持着阿拉伯人的那种心态:平和地接受那些你不能避免的事实。这令他不再焦躁与不安,比服用上千支镇静剂更为有效。

我们都不是穆罕默德的信徒,都不愿意成为宿命论者,可当我们遇到生活中那狂暴的风沙时,既然无法躲避,不如先坦然接受这不可避免的一切,然后再收拾一切,重新来过。

大师金言

有很多事情也许是命中注定的,也许是上天为了考验我们的意志,让我们受苦,然后,苦尽甘来。让我们试着接受吧。

第十一章

让你的忧虑"到此为止"

成功的人不可能全靠机遇和运气,他们会遇到很多难以预料的困境。怎样战胜困难呢?成功人士的忠言是:"在任何一件令人忧虑的事情上加一个'到此为止'的限制,结果好得出人意料。"

你是否想知道如何在华尔街上赚钱？恐怕至少有 100 万以上的人这么想过——如果我知道这个问题的答案，这本书恐怕就要卖 1 万美元一本了。不过，这里却有一个很好的想法，而且很多成功的人都应用过。讲这个故事的人叫查尔斯·罗伯茨，一位投资顾问。他告诉我说：

"我刚从得克萨斯州来到纽约的时候，身上只有两万美元，是我朋友托付我到股票市场投资用的。我原以为我对股票市场懂得很多，可是后来我亏损得一分钱不剩。不错！在某些生意上我赚了几笔，可结果我失去了一切。"

"要是我自己的钱都赔光了，我倒不会那么在乎！"查尔斯·罗伯茨解释道，"可是，我觉得把我朋友们的钱赔光了，是一件很糟糕的事情，虽然他们都很有钱。在我们的投资得到这样一种不幸的结果之后，我实在很怕再见到他们，可是没想到的是，他们不仅对这件事情看得很开，而且还乐观到毫不在乎的地步。"

"我开始仔细研究自己犯过的错误，并下定决心在我再进股票市场以前，一定要先了解整个股票市场到底是怎么一回事。于是，我找到一位最成功的预测专家波顿·卡瑟斯，他住在伯顿 S. 城堡，我跟他交上了朋友。我相信我能从他那里学到很多东西，因为他多年来一直是个非常成功的人，而我知道能有这样一番事业的人，不可能全靠机遇和运气。

"他先问了我几个问题，问我以前是怎么做的。然后，他告诉我一个股票交易中最重要的原则。他说：'我在市场上所买的每一只股票，都有一个到此为止、不能再赔的最低标准。比方说，我买的是每股 50 美元的股票，我马上规定不能再赔的最低标准是 45 美元。这也就是说，万一股票跌价，跌到比买进价低 5 美元的时候，就立刻卖出去，这样就可以把损失只限定在 5 美元之内。'

"'如果你当初买得很聪明的话，'这位大师继续说道，'你的赚头可能平均在 10 美元、25 美元，甚至于 50 美元。因此，在把你的损失限定在 5 美元以后，即使你半数以上的判断错误，也能让你赚很多的钱。'

"我立刻实践这个法则，很快就能熟练运用，它给我的顾客挽回了几

第十一章 让你的忧虑"到此为止"

千几万美元。后来,我还发现,这个'到此为止'的限定原则也同样适用于任何其他方面,在任何一件令人忧虑的事情上加一个'到此为止'的限制,结果好得几乎出人意料。

"举个例子说,我有一个朋友,他很不守时,曾经有一段时间,每次我们相约共进午餐,他总要迟到很久。最后,我告诉他,以后等他的时间一定要有个限制。我说:'比尔,我等你的时间限制在 10 分钟内,如果你超过 10 分钟还不出现,那么到此为止,我们的午餐约会就算告吹,即使你来了,我也已经走了。'"

天哪!听了查尔斯·罗伯茨的话,我真希望自己在多年前就学会这个方法,并用它来限制自己的脾气、耐心、欲望、悔恨,以及所有精神、情感上的压力,为什么我没有估计到我所处的每一处境,而是用那些庸俗的想法毁灭我平静的思想呢?我应该常常告诫自己:"瞧!戴尔·卡耐基,这件事只值这么多担心,不能再增加了。"我为什么做不到呢?

117

卡耐基人性的优点经典全集

我在30多岁的时候,决定用我的生命从事写小说的事业。我一门心思地想成为弗兰克·诺里斯,或者杰克·伦敦,或者托马斯·哈代,并以写小说作为终生职业。对此,我充满自信。我在欧洲待了两年,在那里,我住在最廉价的未开垦的地区,打字机也是第一次世界大战时期的。我花了两年的时间写出一部杰作,我给它起名《大风雪》,这个名字取得妙极了,因为所有出版社对它的态度都像大风雪,冷飕飕的,如同刚刚刮过德克萨斯州大平原。当我的经纪人告诉我,这部作品一钱不值,我并不具备写小说的天赋和才能时,我的心跳仿佛停止了。要不是在俱乐部里他给我重重的一击,我几乎晕倒过去了。我彻底晕了。我意识到,自己正站在生命的一个十字路口,我必须做出重要的选择。我该做什么?我该转向何方?

过了几个星期,我才突然从茫然中惊醒,虽然我当时还没听说过那句"为忧虑订下一个到此为止的期限"的话,但现在回顾起来,我当时做的正是这件事。我把我自己两年来费尽心血写成的小说当成一个宝贵经验,然后到此为止。我重新回到教授成人教育班的老本行,如果有时间,偶尔写一些非小说类的书或传记,比如你现在正在读的这本书。

我做出那样的决定是不是很高兴哪?高兴!现在,每当我想起这件事,我都会感觉自己就像在跳舞一样兴高采烈。我可以坦诚地说,从那时起,我从来没有花过一天或一小时的时间去想象自己会成为什么"哈代第二"。

第十一章　让你的忧虑"到此为止"

大师金言

不要被那些庸俗的想法毁灭平静的思想,应该常常告诫自己:"这件事只值这么多担心,不能再增加了。"

在100多年前的夜晚,沿着沃尔登塘池塘的海岸森林里发出一阵刺耳的声音,亨利·梭罗拿着鹅毛笔,蘸着自己做的墨水,在他的日记中写道:"一件事情的代价——就是我称之为生活的总值,它需要马上交换或最后付出。"

换一种说法就是,如果我们将生活作为代价,为某一件事付出太多,那我们就是个傻瓜。这也正是吉尔伯和苏里文在他们自己的生活中的悲哀:他们知道如何创作出快乐的歌词和曲子,但他们完全不知道如何寻找哪怕是微小的快乐。他们创作出许多世人非常喜欢的轻歌剧,可是他们却没有办法控制他们的脾气。他们有一次竟然为了一块地毯的价钱而争吵了好多年:苏里文受命为他们剧院买了一块新地毯,可是当吉尔伯看到账单时,竟然非常恼火。这件事后来甚至闹上了公堂,从此两个人到死都没有再说过话。

苏里文为新歌剧写完曲子之后,就把它寄给吉尔伯;而吉尔伯填上歌词之后,再把它寄回给苏里文。有一次,他们不得不同时上台谢幕,但是他们却站在舞台的两边,分别面朝着不同的方向鞠躬,这样才不至于看见对方。他们就不懂得在出现矛盾和不快的时候,划一个"到此为止"的最低限度,而林肯却做到了这一点。

在美国南北战争期间,有一次,林肯的几位朋友攻击他的一些敌人,林肯说:"你们对私人恩怨的感受比我更多,也许我这种感觉太少吧。可是我向来以为这样很不值得。一个人实在没有必要把时间花在争吵上,要是那个人不再攻击我,我也永远不会再记他的仇。"

我真希望我的伊迪丝老姑妈也能有林肯这样宽以待人的胸襟。她和

卡耐基人性的优点经典全集

姑父法兰克住在一栋被抵押出去的农庄上,那里的土质很恶劣,灌溉条件也差,收成自然不好。他们的日子很艰难,每一个小钱都得省着用。可是伊迪丝姑妈却喜欢买一些窗帘和其他的小饰物来装饰家里,她曾向密苏里州马利维里的一家小杂货店赊购这些东西。姑父法兰克很担心他们的债务无法还清,而且他是个很注重个人信誉的人,不愿意欠债,因此他私下里告诉杂货店老板,不让他太太再赊账买他的东西。当她听说这件事之后,大发脾气——那时离现在差不多有50年了,可是她还在发脾气。我曾经不止一次地听她说起这件事情。我最后一次见到她的时候,她已经快80岁了。我对她说:"伊迪丝姑妈,法兰克姑父这种做法的确不对,可是你没有觉得,自从那件事发生之后,你差不多埋怨了姑父半个世纪,这难道比他所做的任何事情都坏吗?"

伊迪丝姑妈对她这些不愉快的记忆所付出的代价,实在是太大了——她付出的是她自己内心的平静。

第十一章 让你的忧虑"到此为止"

在本杰明·富兰克林7岁的时候,曾犯了一次70年来一直让他难以释怀的错误。当他还是一个7岁的孩子的时候,他喜欢上了一个哨子,于是他兴奋地跑进玩具店,把他所有的零钱放在柜台上,也不问问价钱就把那个哨子买了下来。"然后,我回到家里,"70年后他写信告诉他的朋友说,"吹着哨子在整个屋子里转着,对我买的这个哨子非常得意。"可是,等到他的哥哥、姐姐发现他买哨子多付了钱之后,大家都来取笑他。而他正像他后来所说的:"我懊恼地痛哭了一场。"

很多年之后,富兰克林成了一位世界知名的人物,做了美国驻法国的大使。他还记得那件事,因为他买哨子多付了钱,使他得到的痛苦多过了哨子所带给他的快乐。

最终,富兰克林在这个教训里学到了一个非常简单的道理。"当我长大以后,"他说,"我走进世界,观察许多人类的行为,我认为我碰到很多人,非常多的人,他们买哨子都付了太多的钱。简而言之,我认为,人类的苦难部分地产生于他们对事物的价值作了错误的估计,也就是他们认为买哨子多付了钱。"

吉尔伯特和苏里文为他们的"哨子"多付了钱,我的姑妈伊迪丝也一样,我自己在很多情况下同样如此。

是的,我真诚地相信,树立正确的价值观是获得内心平静的最大秘诀之一,而且,我相信,50%的忧虑都是可以消除的,如果我们一次将发展一种私人黄金标准——如果这种黄金标准的东西对我们生活是有价值的。

无论何时,当我们想拿钱买东西,或以生活作为代价时,应该先停下来问自己三个问题:

1. 我现在忧虑的问题和自己有什么关联?

2. 面对这件令人忧虑的事情,应该在哪里设置"到此为止"的限度,然后全部忘掉它?

3. 我应该用多少钱买这个"哨子"?它的价值是否没有我所付出的那么高?

大师金言

你究竟为什么而忧虑？为了拥有更多的财富，更高的地位，还是其他什么？人人都有追求美好生活的愿望，但也要懂得知足，学会放弃。这样就能获得内心的平静，就可以消除太多的紧张和焦虑了。

第十二章

对失眠的恐惧造成的伤害，远远超过失眠本身

从来没有人因为缺乏睡眠而死，为失眠而忧虑对你的损害，会比失眠本身更厉害。而解决失眠忧虑的有效办法是，不要强迫自己入睡，一只只地数着小绵羊，只会使你更加疲惫且难以入睡。

要是你经常睡不好觉的话,你会不会忧虑呢?那么你也许愿意知道塞缪尔·昂特迈耶——国际知名的大律师——这一辈子从来没好好睡过一天。

塞缪尔·昂特迈耶上大学的时候,很担心两件事情——气喘病和失眠症,这两种病似乎都没有办法治好。于是他决定退一步去想,他要充分利用清醒的时间。他不在床上翻来覆去,不让自己忧虑到精神崩溃的程度,他下床来读书。结果呢?他在班上每一门功课都名列前茅,成为纽约州立大学的奇才。

甚至在他开始进行律师业务以后,他的失眠症还是没有治好。可是昂特迈耶一点也不忧虑,他说:"大自然会照顾我的。"事实果然如此。他虽然每天睡得很少,健康情形却一直很好,而且也能像纽约法律界所有的年轻律师一样努力工作,甚至超过其他人,因为别人睡觉的时候,他还是清醒的。昂特迈耶大律师21岁的时候,每年的收入已经高达75000美元,因此很多其他年轻的律师都到法庭去研究他的方法。1931年,他在一个诉讼案子上所得到的酬劳,可能是有史以来律师界所得酬劳最高的一次——整整100万美元,而且都是现金。

实际上他还是有失眠症。晚上他有一半的时间都在看书,清早5点钟就起床,开始口述信件。当大多数人刚刚开始工作的时候,他一天的工作差不多就已经做完一半了。他一直活到81岁,一辈子里却难得有一天晚上睡得很熟。想想看,如果他一直为失眠症担心忧虑的话,恐怕他这一辈子早就毁了。

我们的生活中,有1/3的时间都花在了睡眠上,可是没有一个人知道睡眠究竟是怎么一回事。我们知道这是一种习惯,也是一种休息状态。可是我们不知道每一个人需要几个小时的睡眠,我们甚至不知道我们是否非睡觉不可。

很难想象吗?好了,在第一次世界大战期间,一个名叫保罗·科恩的匈牙利士兵,脑前叶被枪弹打穿。他的伤养好了,可奇怪的是,他从此没有办法再睡着。不管医生用什么样的办法——他们使用过各种镇静剂和

第十二章 对失眠的恐惧造成的伤害,远远超过失眠本身

麻醉药,甚至使用了催眠术,保罗·科恩就是没有办法睡着,甚至不觉得困倦。

所有的医生都说他活不久了,可是他却令所有人吃惊了。他找到一份工作,非常健康地活了许多年。他有时候会躺下来闭上眼睛休息,可是怎么也没有办法睡着。他的病例成为医学史上一个未解之谜,推翻了我们对睡眠的很多想法。

有些人确实需要比其他人长的睡眠时间。著名指挥家托斯卡尼尼每晚只需要睡 5 个小时,而柯立芝总统却需要两倍的时间。24 个小时,柯立芝要睡 11 个小时。换句话说,托斯卡尼尼一生大概只花了 1/5 的时间在睡眠上,而柯立芝却几乎睡掉了他生命的一半时间。

大师金言

有的人只需要很少的睡眠就能保持精力充沛,也有的人需要足够的 8 小时睡眠才会感到心身愉悦。每个人都有自己的特点,不必千篇一律,否则真的就会因为睡眠的多少而产生不必要的忧虑了。

为失眠症而忧虑,对你的伤害程度,远超过失眠症本身。

举个例子来说,我的一个学生伊拉·桑德勒,就几乎因为严重的失眠症而自杀。下面是他所讲述的故事:

"我真的以为我会精神失常,"伊拉·桑德勒告诉我,"问题是,最初我是个睡得很熟的人,就连闹钟响了也不会醒来,以至于每天早晨上班都迟到。我因为这件事情而非常忧虑——事实上,我的老板也警告我说,我一定得准时上班。我知道如果再这样睡过头的话,我就会丢了工作。

"我把这件事情告诉我的朋友。有个朋友帮我分析原因,就因为在睡觉以前要集中精神去注意闹钟,结果造成了我的失眠症。那个该死的闹钟的'滴答滴答'声缠着我不放,让我睡不着,整夜翻来覆去。到了早晨,我几乎困得不能动,又疲劳又忧虑。这样持续了有8个礼拜之久,我所受到的折磨简直无法用语言来形容。我深信自己一定会精神失常的。有时候我会走来走去转上好几个钟点,甚至想从窗口跳出去一了百了。

"最后,我去见一个我认识的医生。他说:'伊拉,我没有办法帮你的忙,没有一个人能够帮你,因为这种事情是你自己找的。每天晚上上床后,要是你睡不着的话,就不要去理它,对你自己说:我才不在乎我睡得着睡不着,就算醒着躺在那里一直到天亮,也没有关系。闭上你的眼睛说:反正我只要躺在这里不动,不去为这件事担忧,就能得到休息。'"

"我照他的话去做,"桑德勒说,"不到两个礼拜,我就能安稳地睡着了。不到一个月,我就能每天睡8个小时,而我的精神也恢复了正常。"

使伊拉·桑德勒受到折磨的不是失眠症,而是失眠症引起的忧虑。

在芝加哥大学担任教授的纳撒尼尔·克莱特曼博士,曾对睡眠问题做过很多研究,他是全世界有关睡眠问题的专家。他说过,从来没有听说哪一个人是因失眠症而死的。实际上,可能有人为失眠而忧虑以致体力减低受到细菌的侵袭,可是这种损害是由忧虑所造成,而不是由于失眠症本身。

克莱特曼博士也曾说过,那些为失眠症担忧的人,通常所得到的睡眠

第十二章 对失眠的恐惧造成的伤害，远远超过失眠本身

比他们所想象的要多很多。那些指天誓日地说"我昨天晚上连眼睛都没有闭一下"的人，实际上可能睡了好几个钟点，只是自己不知道而已。举个例子来说，19世纪最有名的思想家赫伯特·斯宾塞，老的时候还是独身，寄住在一间宿舍里，整天都在谈他的失眠问题，弄得每个人都烦得要命。他甚至在耳朵里带上"耳塞"来避免外面的吵闹声，镇定他的神经，有时候还吃鸦片来催眠。有一天晚上，他和牛津大学的塞斯教授同住在一个旅馆房间里，第二天早上斯宾塞说他昨天晚上整夜没有睡着，实际上却是塞斯教授根本没有睡着，因为斯宾塞的鼾声吵了他一夜。

要想安稳地睡一夜的第一个必要条件，就是要有安全感。我们必须感觉到有一种比我们大得多的力量，一直照顾我们到天明。托马斯·希斯洛普博士在英国医药协会的一次演讲中就特别强调这一点。他说："根据我多年行医的经验发现，使你入睡的最好办法之一就是祈祷。我这样说纯粹是以一个医生的身份来说的。对有祈祷习惯的人来说，祈祷一定是镇定思想和神经的最适当也最常用的方法。把自己托付给上帝，然后放松你自己。"

著名歌唱家兼电影明星珍妮·麦当娜告诉我，每当她感觉精神颓丧而忧虑到难以入睡的时候，她就重复读诗篇第二十三章来让自己得到一种安全感——"耶和华是我的牧师，我将无所需求，他使我躺卧在青草地上，引我在可安憩的水边……"

可是，如果你没有宗教信仰，不能这样轻松地解决你的问题的话，你可以采用另一种方法来努力放松自己。大卫·哈罗·芬克博士写过一本名叫《消除神经紧张》的书，其中提出了一种最好的方法，那就是和你自己的身体交谈。芬克博士认为，语言是所有催眠法的关键，如果你一直没有办法入睡，那是因为你自己"说"得太多以至于使自己得了失眠症。唯一的解决方法使你从这种失眠状态中解脱出来。具体方法是对你自己身上的肌肉说："放松！放松！放松所有的紧张情绪！"

现在我们已经知道，当人的肌肉处在紧张状态的时候，思想和神经就无法得到放松。因此，如果我们想要安然地入睡，必须先放松自己的肌

127

卡耐基人性的优点经典全集

肉。芬克博士所推荐的方法，就是把枕头放在膝盖下，使双脚的紧张减轻。然后，把几个小枕头垫在手臂底下，放松下颌、眼睛、两个手臂和两腿，这样我们就会在不知不觉中入睡了。我自己曾经试过这个方法，我知道很有效。

如果你有失眠症，不妨买一本芬克博士的《消除神经紧张》，这本书我在前面也提到过，这是我所知道的唯一具有可读性、又可以治好失眠症的一本很实用的好书。

另一种治疗失眠症的最好办法，就是让自己去参加体力劳动，直到疲倦为止。你可以去种花、游泳、打网球、打高尔夫球、滑雪，或者做需要耗费很多体力的工作。这是著名作家托德·德莱塞的做法。当他还是一个为生活而挣扎的年轻作家时，也曾经为失眠症而忧虑过。于是他到纽约中央铁路公司找了一份铁路工人的工作，在做了一天打钉子和铲石子的工作之后，就会累得甚至没有办法坐在那里吃完晚饭。

第十二章 对失眠的恐惧造成的伤害,远远超过失眠本身

如果我们感到疲倦至极的话,哪怕我们是在走路,我们也会被逼迫入睡的。我可以用一件事情来说明。13岁那年,我的父亲要运一车猪去密苏里州的圣乔城,因为他当时有两张免费的火车票,所以他带着我一起去。我在那之前从来没有去过任何超过四千人口以上的小城。当我到了有六万人的圣乔城时,兴奋得难以言表。我看到了6层高的大楼,还看到了一辆电车。我现在闭上眼睛,好像还能看到那辆电车。在经历了我一生当中最兴奋的一天之后,父亲带我坐火车回家。下火车的时候,已经是半夜两点钟了,我们还要走4里远的路回到农庄。当时我已经疲倦到了一边走一边睡的程度,甚至还做着梦。

当一个人完全筋疲力尽的时候,即使是打雷或面临战争的恐怖与危险,他也能够安然入睡。神经科医生佛斯特·肯尼迪博士告诉我说,在1918年,英国第五军撤退的时候,他就看过筋疲力尽的士兵随地倒下,睡得就像昏过去了一样。虽然他用手撑开他们的眼皮,他们仍不会醒过来。他说他注意到,所有人的眼球都在眼眶里向上翻起。"在那以后,"肯尼迪医生说,"每次睡不着的时候,我就把我的眼珠翻到那个位置。我发现,不到几秒钟,我就会开始打哈欠,感到困倦,这是一种我无法控制的自动反应。"

从来没有一个人会用不睡觉的方式自杀。不论他有多强的意志力,大自然都会强迫他入睡。大自然可以让我们长久地不吃东西、不喝水,却不会让我们长久地不睡觉。

一谈到自杀,就使我想起亨利·林克博士在他那本《人的再发现》一书里所谈到的一个例子。林克博士是心理问题公司的副总裁,他曾经和很多因为忧虑而颓丧的人交谈过。在《消除恐惧与忧虑》那一章里,他谈到了一个想要自杀的病人。林克博士知道,跟这个人争论,只会使情况变得更为糟糕,所以他对这个人说:"如果你反正都要自杀的话,至少应该做得英雄一点儿,你可以绕着这条街跑到累死为止吧。"

他果然去试了,不止一次,而是试了好几次。结果怎样呢?结果是每一次他都会觉得好过一点,不过这种感觉是在心理上,而不是在生理上。

129

到了第三天晚上,林克博士终于实现了他最初想要达到的目的——这个病人由于身体疲劳,睡得很沉。后来他参加了某个体育俱乐部,参加各种运动项目,没过多久就开心得想要永远活下去。

所以,你若想不为失眠症而忧虑,请记住以下规则:

(1)如果你睡不着,就起来工作或看书,直到你想睡为止。

(2)记住,从来没有人因为缺乏睡眠而死,为失眠而忧虑对你的损害,会比失眠本身更厉害。

(3)保持全身放松,看看《消除神经紧张》那本书。

(4)加强运动,让你因身体疲惫而无法保持清醒。

大师金言

不要为失眠而忧虑,睡不着了,就看看书,站在窗前看看外面闪烁的灯光。不一定每天非要睡够几小时不可。

第十三章

不要为打翻的牛奶而哭泣

成功者与失败者并没有多大的区别,不过是失败者走了九十九步,成功者走了一百步。成功者跌下去的次数比失败者少一次,成功者站起来的次数比失败者多一次。当你走了一千步时,也有可能遭到失败,但成功往往就在不远处。试想一想,你会为了刚刚遭遇的失败而哭泣,而裹足不前吗?

卡耐基人性的优点经典全集

当我在写这些句子时,我可以透过窗子看见在我的院子里,有一些恐龙的足迹——它留在大石板和木头上。这是我从耶鲁大学皮氏博物馆里买到的,那儿的管理员来信告诉我:"这些足迹是恐龙在一亿八千万年前留下的。"就算是白痴,也从来不想去改变如此久远的足迹,但忧虑却能令人产生如此愚蠢的想法。事实上,就算是发生在180秒钟之前的事,我们也不可能回头改变它。事实是,我们唯一能做的,就是想办法改变它所造成的影响,我们不可能改变已经发生过的事实。

如果希望这个错误具有价值,最好的方法就是,冷静分析错误,从中汲取教训——然后忘掉这个错误。

我知道这样做是对的,但是我从中获得勇气和感觉了吗?要回答这个问题,让我给你讲一件多年前我所经历的一件不寻常的事。几年前,我投资了30多万美元,却没有获得一个便士的利润。事情是这样的:我举办了一个大型成人教育补习班,在很多城市设立了分部,因此在维持费和广告费上投入了不少钱。当时我的课程很紧,没有时间和心情管理财务。另外,当时我很幼稚,不懂得寻找一个优秀的业务经理,来帮我安排各项支出。

这样过了快一年,我突然发现,虽然我的收入增加了不少,却没有看见利润。发现这个问题之后,本来我应该马上做两件事:首先,学习黑人科学家乔治·华盛顿·卡佛尔的做法,因为银行倒闭,他的4万美元有去无回。那是他的毕生积蓄,当有人问他是否知道银行倒闭的消息后,他回答:'是的,我听说了。'然后,他继续他的教学。他将这笔损失完全从脑子里抹去,永远不再提起。我应该采取的第二个做法是:仔细分析错误,从中吸取教训。

但最后,我一样也没有做,相反,我却开始忧虑起来。连续好几个月,我都恍恍惚惚的,吃不下睡不着,体重下降。我不仅没有从中学到东西,还犯下一个类似的小错误。

这件令人尴尬的错误说明我是多么愚蠢,真是应验了那句话——教20个人如何做,比自己去做要容易得多。

第十三章　不要为打翻的牛奶而哭泣

亚伦·山德士先生告诉我,他永远记得他的老师——布兰德温博士给他上过的一堂最有价值的课。"当时,我只有10多岁,"亚伦·山德士先生说,"却经常担心很多事,对自己犯下的错误总是耿耿于怀。如果我交上一张考卷,我就总是处于清醒状态,并且咀嚼手指,因为担心考试会不及格。我总不停地回味我做过的事,总是在想要是当初我没有做这件事该有多好,我总是在想我说过的话,希望当初我不说那句话该多好。

"后来,一天早上,我们和平常一样走进科学实验室,我们的老师——保罗·布兰德温博士在那里。我们发现,保罗·布兰德温教授的桌上放着一瓶牛奶。我们都坐下了,开始看着那杯牛奶。我们都想不通,这和科学实验课有什么关系。忽然,保罗·布兰德温教授一把将瓶子掀翻,牛奶洒落在水槽中,只听见他大声喊道:'不要为打翻牛奶而哭泣。'

"接着,他让我们站在水槽边,说,'你们好好看看,因为我想让你们记住这人生的一堂课。牛奶已经漏光了,你们可以看到,牛奶已经进了排

133

水道。要永远记住：不管你如何担心、如何抱怨，也不可能将它捞回来。如果你们能预先动点脑筋，加以防范，那么牛奶就不会被打翻，但现在已经太迟了。我们唯一能做的，只是忘掉它，然后考虑下一件事。'"

"这次小小的表演，"亚伦·山德士先生告诉我，"在我忘了我所学到的几何和拉丁文以后很久还让我记得。事实上，这件事在实际生活中所教给我的，比我在高中读了那么多年所学到的任何东西都好。它教我只要可能的话，就不要打翻牛奶，万一牛奶打翻、全部漏光的时候，就要彻底把这件事情给忘掉。"

有些读者也许会想，花这么大力气来讲那么一句老话——不要为打翻了牛奶而哭泣，未免有点无聊。我知道这句话很普通，也可以算是很陈旧的老生常谈。我知道你已经听过上千遍了。可是，我也知道像这样的老生常谈，却包含了多少年来所积聚的智慧，这是人类经验的结晶，是世世代代传下来的。如果你能读遍各个时代很多伟大学者所写的有关忧虑的书，你也不会看到比"船到桥头自然直"和"不要为打翻了牛奶而哭泣"更基本、更有用的老生常谈了。只要我们能应用这两句老话，不轻视它们，我们就根本用不到这本书了。事实上，我们应用这些老谚语已经到了尽善尽美的地步。然而，如果不加以应用，知识就不是力量。

本书的目的并不在于告诉你什么新的东西，而是要提醒你那些你已

第十三章 不要为打翻的牛奶而哭泣

经知道的事,鼓励你把已经学到的东西加以应用。

大师金言

"船到桥头自然直""不要为打翻了牛奶而哭泣",这虽然是老生常谈,但却是最简单的道理,命运往往就是这样。

我一直很佩服已故的佛雷德·福勒·夏德,他有一种能把老的真理用又新又吸引人的方法说出来的天分。他是一家《费城公告》报社的编辑。有一次在大学毕业班讲演的时候,他问道:"有多少人曾经锯过木头?请举手。"大部分的学生都曾经锯过。然后,他又问道:"有多少人曾经锯过木屑?"没有一个人举手。

"当然,你们不可能锯木屑,"夏德先生说道,"因为那些都是已经锯下来的。过去的事也是一样,当你开始为那些已经做完的和过去的事忧虑的时候,你不过是在锯一些木屑。"

棒球老将康尼·麦克81岁的时候,我问他有没有为输了的比赛忧虑过。

"噢,有的。我以前常这样,"康尼·麦克告诉我说,"可是多年以前我就不干这种傻事了。我发现这样做对我完全没有好处,磨完的麦子不能再磨,"他说,"水已经把它们冲到底下去了。"

不错,磨完的麦子不能再磨;锯木头剩下来的木屑,也不能再锯。可是,你还能消除你脸上的皱纹和胃里的溃疡。

在去年感恩节的时候,我和杰克·登普西一起吃晚饭。当我们吃火鸡和橘子酱的时候,他告诉我他把重量级拳王的头衔输给滕尼的那一仗。当然,这对他的拳击生涯是一个很大的打击。"在拳赛当中,我突然发现我变成了一个老人……到第十回合终了,我还没有倒下去,可是也只是没有倒下去而已。我的脸肿了起来,而且有很多处伤痕,两只眼睛几乎无法

135

睁开……我看见裁判员举起吉恩·滕尼的手,宣布他获胜……我不再是世界拳王,我在雨中往回走,穿过人群回到自己的房间。在我走过的时候,有些人想来抓我的手,另外一些人眼睛里含着泪水。

"一年之后,我再跟滕尼比赛了一场,可是一点用也没有,我就这样永远完了。要完全不去愁这件事情实在很困难,可是我对自己说:'我不打算生活在过去里,或是为打翻了的牛奶而哭泣,我要能承受这一次打击,不能让它把我打倒'"。

而这一点正是杰克·登普西所做到的事。怎么做的呢?他只是一再地对自己说"我不为过去而忧虑"吗?不是的!这样做只会再强迫他想到他过去的那些忧虑。他的做法是承受一切,忘掉他的失败,然后集中精力来为未来计划;他的做法是经营百老汇的登普西餐厅和大北方旅馆;他的做法是安排和宣传拳击赛,举行有关拳赛的各种展览会;他的做法是让自己忙着做一些富于建设性的事情,使他既没有时间也没有心思去为过去担忧。"在过去的一年里,我的生活,"杰克·登普西说,"比我在做世界拳王的时候要好得多了。"

登普西先生告诉我,他没有读过多少书,可是,他却是不自觉地照着莎士比亚的话在做:"聪明的人永远不会坐在那里为他们的损失而悲伤,而是很高兴地想办法来弥补他们的创伤。"

当我读历史和传记并观察一般人如何度过艰苦的环境时,我一直既觉得吃惊,又羡慕那些有能力把他们的忧虑和不幸忘掉并继续过快乐生活的人。

一次,我到辛辛监狱去考察,那里最让我吃惊的是,囚犯们看起来和平常人一样都是快乐的。我当即把我的看法告诉了刘易士·路易斯——当时辛辛监狱的监狱长。他告诉我,这些囚犯刚到辛辛监狱的时候,都心怀怨恨而且脾气暴躁,可是经过几个月之后,他们当中比较聪明一点的人都能忘掉他们的不幸,安定下来承受他们的监狱生活,并尽量过好。刘易士·路易斯监狱长告诉我,有一个辛辛监狱的犯人——一个在园子里工作的人,在监狱围墙里种菜种花的时候,还能唱着歌。

第十三章　不要为打翻的牛奶而哭泣

所以,为什么要浪费眼泪呢?当然,犯了过错或疏忽大意都是我们的不对,可是这又怎么样呢?谁没有犯过错?就连闻名于世的拿破仑,在他所有重要的战役中也输过三分之一。也许我们的平均纪录并不会次于拿破仑,谁知道呢?

何况,任何一个人,即使调动所有国王的人马,也不能挽回过去的失误。所以,让我们记住:不要试着去锯碎木屑。

大师金言

要知道连最伟大的人物也有犯错的时候,何况你我这样平凡的人呢?

137

第十四章
别忽视思想的巨大力量

如果你感到不快乐,那么唯一能发现快乐的方法就是振奋精神,使行动和言词好像已经感觉到快乐的样子。当你的行动显示出你快乐时,就不可能再忧虑和颓丧下去了。

卡耐基人性的优点经典全集

几年前,一个无线电节目请求我回答一个问题:"你所得到的最大的教训是什么?"

这很简单很显然,我所吸取的最大教训就是我明白了什么是最重要的。如果我知道我所认为的,我也会知道你的所想。我们的思想促使我们要思考这些,我们的精神态度是决定我们命运的最重要的要素。

爱默生说:"一个人是什么取决于他整天思考什么。"……他怎么可能是别的什么呢?

我现在很确切地知道最大的问题是必须处理的。实际上,我们必须处理的唯一的问题就是选择正确的想法。如果我们可以做到这一点,我们就可以解决所有我们必须面对的问题。最伟大的哲学家、罗马帝国的统治者奥勒留,总结了八个字——这八个字可以决定你的命运——思想决定你的生活。

不错,如果我们想的都是快乐的事,我们就是快乐的。如果我们想的总是糟糕的事,我们就会很凄惨。如果我们总有畏惧的想法,我们将会恐惧。如果我们有病弱的想法,我们大概就会感觉不适。如果我们认为会失败,就会出故障。如果我们像农奴一样让人哀怜,大家就会避开我们。"你不是,"诺曼·文生·皮尔说,"你不是你想象的那样,但是你认为自己是什么,你就是什么。"

我这么说是不是暗示:对于所有的困难,人们都要盲目地乐观呢? 不是的。不幸得很,生命不会这么简单。不过,我鼓励大家要用积极的心态去面对生活,也就是正视问题,但不过分忧虑。正视问题就要研究问题因何而来,再找出解决的办法,多余的忧虑和担心,对解决问题毫无帮助。

一个人可以在关心一些很严重的问题时,在衣领上插一朵鲜花悠然漫步。洛威尔·托马斯就是这样的一个人。我曾经协助洛威尔·托马斯拍摄一部电影,讲述艾伦贝和劳伦斯在第一次世界大战中的经历。他带着助手在前线拍摄了许多珍贵镜头,记录了劳伦斯和他手下那支骁勇善战的阿拉伯军队,也拍下了艾伦贝征服圣地的进程。最令世界为之轰动的是贯穿整部影片的旁白——巴勒斯坦的艾伦贝和阿拉伯的劳伦斯。在

● 第十四章　别忽视思想的巨大力量

这部影片获得巨大成功后,他又用了两年时间准备拍摄一部印度和阿富汗的纪录片。在遭遇了一些出乎意料的事情之后,他突然发现自己陷入了糟糕的境地——他破产了。当时,我们经常在一起。我十分清楚地记得,我们不得不到街头的小饭店去吃廉价的食品。如果不是著名的苏格兰画家詹姆斯·麦克白接济的话,我们恐怕连那点儿微薄的食物也吃不到。但是,这些都不是问题的要点,问题的关键在于:当洛威尔·托马斯面临庞大的债务危机时,他对此予以重视,但并不因此而忧心忡忡。因为他深深懂得,如果自己因厄运而垂头丧气的话,他在别人眼里就会变得一文不值,尤其对那些债权人来说更是如此。所以,他每天早上出去办事前,总是买一朵花插在衣襟上,然后再昂首挺胸地走上牛津街。他的头脑中充满了积极和勇敢,绝不让挫折将自己击倒。对他而言,挫折不过是人生的一个组成部分,如果他想到达顶峰的话。这是必须经历的有益磨炼。

大师金言

头脑中充满了积极和勇敢,就不会让挫折击倒。

卡耐基人性的优点经典全集

我们的精神状况对我们自身的身体和力量也有令人难以置信的影响。英国著名心理学家 J. A. 哈德费尔德在那本虽然只有 54 页但内容非凡的小书《力的心理学》里，对这一点给出了惊人的论述。"我请来三个人，"他在书中写道，"来测试心理对生理的影响，以握力计来测量。"他要求那三个人在不同的情况下，用全力抓紧握力计。

在一般的清醒状态下，他们的平均握力是 101 磅。

他做的第二项实验则是对他们进行催眠，并给他们传达这样一个信息：他们非常虚弱。实验的结果是，他们的握力只有 29 磅——不到正常力量的 1/3。

当哈德费尔德让同样一批人作了第三项实验，即在催眠之后，告诉他们说他们十分强壮，结果他们的平均握力达到了 142 磅。也就是说，当人们在潜意识里肯定了自己的力量后，其力量几乎增加了 50%。

这就是我们难以置信的心理力量。

为了进一步证明思想的巨大魔力，我想再告诉大家一件发生在美国内战期间的最奇特的故事。这个故事完全可以写成一大本书，这里我们只长话短说。

很多人都知道基督教信仰疗法的创始人是玛丽·贝克·艾迪，但是在最初的时候，她却认为生命中只有疾病、痛苦和不幸。她的第一任丈夫在他们婚后不久就去世了，第二任丈夫和一名已婚女人私奔，也抛弃了她，最后流落在一个贫民收容所里并在那里死去。她生有一个男孩，但因为贫困和疾病，不得不在孩子四岁那年把他送给了别人，而且从此之后下落不明，在以后的长达 31 年里，她都没有再见到他。

因为自身的健康状况不好，她一开始就对"信心治疗法"表现出浓厚的兴趣。但是，她生命中具有戏剧色彩的重大转折却是发生在麻省的理安市。那是一个很冷的日子，那天，她走在结冰的街道上，路面太滑，她突然摔倒了并昏死过去。她的脊椎受到了严重的损伤，她不停地痉挛，甚至医生也认为她可能活不多久了。他们说："即使出现奇迹，她能留下一条命的话，也绝对无法走路了。"

第十四章　别忽视思想的巨大力量

躺在一张仿佛在等待死亡的病床上,玛丽·贝克·艾迪打开了《圣经》,读到了马太福音里的一句话:"有人用担架抬着两个瘫子到耶稣面前,耶稣对瘫子说:放心吧,你的罪被赦免了……起来,拿着你的褥子回家去吧。那人就站起来,然后走回家去了。"

她后来回忆说,《圣经》中的这几句话使她产生了一种力量,一种信仰,一种能够医治她生理疾病的信仰的力量,使她立刻下了床,开始行走。

"这种经验,"艾迪太太说,"如同引发牛顿灵感的那只苹果一样,使我发现自己是如何好起来的,也意识到如何能使别人也做到这些……现在,我可以充满信心地对别人说:一切根源都在你的思想里,一切影响力都是一种心理现象。"

也许你会对自己这样说:"这家伙是不是在替基督教信心治疗法做宣传?"不!你错了!我并不是这个教派的信徒,完全没有传教的意思。但是,我活得越久,就越相信思想的伟大力量。在从事成人教育事业35年以后,我懂得了男人和女人都能够消除忧虑、恐惧和种种疾病的方法:改变想法就能改变自己的生活。我亲眼见过几百次这种转变,因为看得太多了,已经见怪不怪了。

再举一个例子,它发生在我的一名学生身上,这种令人难以置信的转变,同样可以证明思想的力量。这名学生的精神曾经处于崩溃的边缘,原因是什么呢?就是忧虑。后来这名学生告诉我说:"我对任何事情都充满忧虑。我担心自己太瘦了;担心自己不断地掉头发;担心自己可能永远无法赚到足够的钱娶老婆;担心自己永远无法做一名好父亲;担心自己无能而失去想要娶的那个女孩子;担心自己会给别人留下许多不好的印象;担心自己已经得了胃溃疡而无法再找到工作。我的内心充满了紧张感,就像一个没有安全阀的锅炉,压力终于到了无法承受的程度,突然有一天爆发了——我的精神彻底崩溃了。如果你没有经历过精神崩溃的话,祈祷上帝,永远不要让你有这种经历吧,因为没有任何一种肉体上的痛苦能够超过精神上的极度痛苦。我的精神崩溃甚至严重到无法和家人交谈的程度。我无法控制自己的思想,内心充满了恐惧感,一点声音都会吓得我跳

143

起来。我逃避所有的人,常常无缘无故暗自哭泣。我终日痛苦不堪,觉得自己被所有的人抛弃了——甚至连仁慈的上帝也抛弃了我。有的时候,我真想跳到河里,一了百了。

"也许换个环境能对我有所帮助,于是我决定到佛罗里达州去旅行。上火车之前,父亲交给我一封信,并叮嘱我到了目的地以后再看。我到佛罗里达的时候正是当地的旅游旺季,因为旅馆订不到房间,我只好住在一间汽车旅馆里。当时我想在迈阿密一艘不定期航行的货船上找一份工作,但没有成功,因此我就把大部分时间都消磨在海滩上。

"在佛罗里达的日子比在家里更难过,于是我拆开了父亲的信。他在信中写道:'儿子,现在你在离家1500英里(约2414千米)的地方,但你并没有觉得有什么改变,对不对?我也知道你不会觉得有什么两样,因为你依然带着所有烦恼的根源——你自己。事实上,无论是你的身体还是你的精神,都毫无毛病。并不是你所遭遇的环境使你受到挫折,而是由于你自己的想象。一个人心里所想的,就是他将要成为的。当你了解这一点后,儿子,回家来吧,因为你已经痊愈了。'

"父亲的信令我非常生气,我认为他应该同情我,而不是指责我。我再也不想回家了。就在那天晚上,我无意中路过一家教堂,因为没有别的地方可去,就决定进去看看。里面正在传道,讲的是'战胜精神,强过攻城',我坐在神的殿堂里,竟然听到和我父亲相同的想法,我不禁沉思起来,我终于吃惊地明白自己有多么愚蠢,还曾想过改变世界和他人,原来我唯一需要改变的,正是我自己思想相机上的焦距。

"第二天一早我就收拾行李回家,一周后,我恢复了以前的工作。4个月后,我娶了我一直怕失去的姑娘。如今,我们有5个孩子,生活快乐幸福。上帝一直都很眷顾我,以前我只是一个小主管,现在我是拥有450名员工的工厂厂长。我理解了生命的真正含义,每当感到不安的时候,我就提醒自己,注意调整思想的焦距,一切都会变得更好。

"我要很诚实地说,我感激自己曾经的精神崩溃,有了那次经历,才会让我发现思想的强大能量,现在的我充分运用思想带来积极的影响,

第十四章 别忽视思想的巨大力量

不再让身心疲惫焦虑伤害我,我现在才知道父亲是对的,使我痛苦的,确实不是外在的情况,而是我对各种情况的看法。当我明白了这一点,一切都好了,而且不会再生病。"这就是我那位学生的经验,他叫弗兰克·沃勒。

我深信我们的平静和快乐并不取决于外在的条件,诸如我们身在何处,我们拥有什么,或我们的身份,而取决于我们的心理状态。

让我们以老约翰·布朗为例。他曾强占过美国一家军工厂,并企图鼓动奴隶叛乱,后被判处绞刑。他是坐在自己的棺木上被送往刑场的,当时在他旁边的警长都很紧张,而布朗却极为平静,欣赏着弗吉尼亚州蓝天下的崇山峻岭,他感叹道:"多么壮丽的国家,我从来没有真正看清楚过。"

或者我们以罗伯特·斯科特为例。他是第一位抵达南极的英国人,在他们回程时几乎经历了人类最严酷的考验。他们在途中断了粮,燃料也用尽了。他们寸步难行，因为吹过极地的狂风已肆虐了11个昼夜——这风的威力强大到可以切断南极冰崖。斯科特一行知道自己活不下去了，便拿出原先准备的一些鸦片以应付这种情势。因为一剂鸦片可以叫大家躺下，进入梦乡，不再苏醒。但最终他们没有这么做，而是在欢唱中去世。我们对他们最后诀别的壮举是后来才发现的，就在8个月后，一个搜索队找到了他们，并从冰冻的遗体上发现了一封告别书，告别书上是这么写的："如果我们拥有勇气和平静的思想，我们就能坐在自己的棺木上欣赏风景，在饥寒交迫时歌唱。"

300年前，失明了的米尔顿也发现了同样的真理：

心灵，是它自己的殿堂，

它可成为地狱中的天堂，

也可成为天堂中的地狱。

拿破仑与海伦·凯勒可以说是米尔顿观点的最佳诠释者。拿破仑拥有一般人所追求的一切——荣耀、权力、富贵——可他却对圣·海莲娜说："在我的生命中，找不到六天快乐的日子。"而海伦·凯勒——既聋且哑又瞎，她却说："我发现生命是如此美妙！"

年过半百，如果我真的学到了什么，那就是："除了你自己，没有别人能带给你平静。"

让我重复爱默生的那篇短文《自我依赖》的精彩结尾："一次政治上的胜利，地产收益的提高，病体康复，久未晤面的朋友出现，或任何其他外来的事物，会使你士气高昂，你以为好日子就在前面。切勿轻信，事实并非如此，除了你自己，没有别人能带给你平安。"

斯多噶派哲学家爱庇克泰德曾经警告我们，从头脑中祛除不当的想法，比割除身体上的毒瘤更重要。

爱庇克泰德是在19世纪前说的这句话，现代医学也支持了他的说法。G.坎贝·罗宾森医生宣称，5位住进霍普金斯医院的病人中就有4位受到情绪及压力的困扰，器官失调之类的病更是正常。"归根究底，这些疾病其实都归咎于患者对生活的调适不当。"他说。

第十四章　别忽视思想的巨大力量

　　法国伟大的哲学家蒙田把下面这句话奉为一生的至理："伤害人的并非事件本身,而是他对事件的看法。"而对事件的看法完全取决于我们自己。

　　我的意思到底是什么?当你情绪被困扰、神经紧张不堪时,你可以改变你的心理态度吗?我还是应该大胆地告诉你,正是如此!不只如此,我还能告诉你怎么做,也许这要费一点事儿,可是秘诀却是非常的简单。

　　威廉·詹姆斯是实用心理学的权威,他曾经表达过这样一种观点:"通常的看法认为,行动是随着感觉而来,可实际上,行动和感觉是同时发生的。如果我们能使自己意志力控制下的行动规律化,也就能间接地使不在意志力控制下的感觉规律化。"

　　换句话说,威廉·詹姆斯告诉我们,不可能只凭"下定决心"就改变"我们的情感",可是却可以改变我们的行为,而一旦行为发生了变化,感觉也就自然而然地随之改变了。

　　"这样,"他继续解释说:"如果你感到不快乐,那么唯一能发现快乐的方法就是振奋精神,使行动和言词好像已经感觉到快乐的样子。"

　　这种十分简单的办法是不是真的有效呢?你不妨试一试:脸上露出十分开心的笑容,挺起胸膛,深深地呼吸一大口新鲜空气,唱段小曲——如果你唱不好,就吹吹口哨……这样一来,你很快就会领会威廉·詹姆斯所说的意思了——当你的行动显示出你快乐时,就不可能再忧虑和颓丧下去了。

　　这是一个能造就生活奇迹的基本自然规则之一。我曾认识一个家住加利福尼亚州的女人——我不想提她的名字——如果她知道这个秘密的话,也许能在24小时之内,把所有的哀愁一扫而空。她是一个老寡妇,生活得十分悲惨,也从来没有试过让自己变得快乐起来。如果有人问她感觉如何,她总是说:"啊,我还好。"但从她的表情和声音里,你能体味到她仿佛在说:"唉,老天,如果你能碰到那些我所遭遇的烦恼就能明白了。"不知道世界上有多少女人的情况比她还糟。而事实上,她丈夫死后留给

卡耐基人性的优点经典全集

她的保险金足够她维持生存,子女也都已成家,能够奉养她,可是我却很少看见她脸上有笑容。她整天抱怨三个女婿太差劲,太自私——虽然每次在他们家里一待就是好几个月。她还抱怨说,她的女儿从来不给她任何礼物——可是她自己却把钱看得死死的——所谓要"替未来打算"。对她自己和她那个不幸的一家人来说,她是多么令人生厌。事情一定就是如此吗?不!她完全可以使自己从一个满腹牢骚、挑剔吝啬、不快乐的老女人变成家中备受尊敬和喜爱的一分子——只要她愿意,完全可以做得到。完成这种转变,她只要高高兴兴地活着,只要她还有一点点爱给别人,而不是总抱怨自己的不快和不幸。

我认识一个名叫英格莱特的印第安纳州人,他发现了这个秘密,并且挽救了自己的生命。十年前,英格莱特先生得了猩红热,康复以后又发现自己得了肾病。他四处求医,找遍了偏方秘方,但谁也没办法治好他。

不久,他又得了另外一种并发症,血压升高。他去看医生,医生说他的血压已经到了最高点,已经无可救药了,情况太严重,最好是马上料理后事。

"我回到家里,"他说,"在了解到我所有的保险金都已经付过了之后,我坐下来默默地沉思,向上帝忏悔自己以前的过失,心中充满了痛苦。

第十四章 别忽视思想的巨大力量

我害得所有的人都很不快乐。我让自己的妻子和家人感到难过,自己更是深深地陷入颓丧的情绪之中。然而,在经过一个星期的自怨自艾之后,我对自己说:'你简直像个大傻瓜。在一年之内恐怕还不会死,那么趁你还活着的时候,何不快快乐乐?'

"于是,我挺起胸膛,露出笑脸,显得一切都很正常。我承认开始的时候十分费力,但我强迫自己变得开心,这不仅有助于我的家人,对我自己也大有帮助。

"后来我发现自己渐渐好起来——几乎与我装出来的一样好。这种改进持续不断地进行着。到了今天——原以为已经该躺在坟墓里几个月后的今天——我不仅很快乐,活得好好的,而且血压也降了下来。当然,有一件事情是可以肯定的,如果我一直想到会死、会垮掉的话,那位医生所预言的就会实现了。可我给了自己的身体一个自行恢复的机会,别的人或事都毫无用处,除了改变自己的心情。"

让我向你提一个问题:如果让自己觉得开心、充满勇气而且健康的思想能挽救一个人的生命,那么你我为什么还要为一些小小的不快和颓丧而沮丧呢?如果让自己开心就能够创造快乐,那么为什么要让自己和家人、朋友不高兴而是难过呢?

大师金言

挺起胸膛,露出笑脸,让自己看上去很快乐,还有什么比快乐更好呢?

许多年前,我曾经读过一本名为《人的思想》的书籍,作者是詹姆斯·艾伦。这本书对我的人生产生了积极而深远的影响。下面摘取书里的一段:

"一个人会发现,当自己改变对事物和他人的看法时,这些事物和人对他而言也就发生了改变……如果一个人将自己的思想指向光明,他就

149

会惊奇地发现,自己的人生有了巨大的改变。人无法吸引自己所要的,却可能吸引自己所有的……能改变气质的神性就存在于我们自己的心中……一个人所能得到的往往是自己思想的直接结果……有了奋发向上的思想之后,他才能奋起、征服,最终有所成就。如果不能激发自己的思想,他就永远只能沉湎于衰弱之中而饱尝愁苦。"

根据圣经创世纪的说法,上帝让人统治整个世界。这真是一份伟大的礼物,但我对这种特权实在没有兴趣。我希望得到的,是一种能控制自己的能力——能控制自己的思想,能控制自己的恐惧,能控制自己的欲望。在这一点上我相信自己已取得了一些非凡的成就。无论何时,我都保持这样的信念:只要控制自己的行为,就能控制自己的反应。

所以,让我们记住威廉·詹姆斯这句话:"……只要把困境中人的内心感觉由恐惧变为奋斗,就能把那些消极的东西变为对自己有积极意义的东西。"

让我们为自己的快乐而奋斗吧!

让我们用一个每天能产生快乐而且具有建议性思想的计划,来为我们的快乐而奋斗吧。这里有一份快乐计划《只为今天》——这是在36年前过世的席贝尔·帕区吉所写的。如果你我都这样去做,就能摆脱忧虑,让自己变得快乐。

《只为今天》

只为今天,我要很快乐。林肯说过"大多数人的快乐来自决心",快乐来自内心,而非外在世界。

只为今天,我应该适应一切,我无法改变所有来迎合我自己。我要适应我的家庭、事业还有机遇。

只为今天,我要身体健康。我要多运动,不忽视健康、不伤害身体,我要珍惜身体,这是我获得成功的基础。

只为今天,我要在思想上丰富自己。我要多学习和研究,不把时间荒废在空想里。我要多读书,尤其是需要专心和动脑思考的书。

只为今天,我要为锻炼自己做三件事:我要做一件不让对方知晓是我

第十四章 别忽视思想的巨大力量

做的对他有益的事情；我还要做两件自己不愿意做的事。这样做是依照威廉·詹姆士要锻炼自己的建议。

只为今天，我要做个受欢迎的人。我要注意仪表，打扮得体，不大声喧哗，举止要彬彬有礼。我不在意别人的评价，也决不对他人或事件指指点点、妄自非议。

只为今天，我要努力过好每一刻，一生的问题不可能一次性解决。我可以一连12个小时只做一件事，可我不能一生墨守成规，那我就不会再有进步。

只为今天，我要有计划地生活。我应该写下每小时要做些什么，虽然不会完全照此去做，但我还是要制订计划，至少可以让我避免仓促和迟疑这两种弊端。

只为今天，我要让自己有半小时的空闲，让我的心灵宁静而愉悦。感谢上天给我生活的希望。

卡耐基人性的优点经典全集

只为今天,我要毫不畏惧,更不能害怕快乐,我要欣赏美的一切,去爱,去相信我爱的那些人也一样会爱我。

大师金言

如果我们想培养平安和快乐的心境,千万要记住:让你的思想和行为先快乐起来,你就会感到快乐。

第十五章
不要报复你的仇人

　　即使我们无法爱我们的仇人,但至少应该学会爱我们自己,要使仇人无法控制我们的快乐、我们的健康和我们的外表。正如莎士比亚所言:"不要因你的敌人而燃起一把怒火,最终却烧伤了你自己。"

许多年以前的一个晚上，我外出旅行时经过黄石国家公园。一位森林管理员骑在马上，和我们这群兴奋的游客谈起熊的故事。他说："有一种大灰熊也许能击倒除了水牛和另一种黑熊以外的其他所有动物。但是有一天晚上，我却发现一只小动物——只有一只，能够让大灰熊和它在灯光下一起共食。那是一只臭鼬！大灰熊知道自己的巨掌一下就可以把这只臭鼬打昏，可是它为什么不那样做呢？因为它从经验里学到，那样做很不划算。"

我同样也懂得这个道理。我在孩童时，曾在密苏里的农庄上抓过4只脚的臭鼬；成年之后，在纽约街头也经常碰到一些像臭鼬一样的却长着两只脚的人。从许多不幸的经验中我发现，无论招惹哪一种臭鼬，都是不划算的。

当我们憎恨我们的仇人时，实际上等于给了他们制胜的力量。这种力量可能会影响我们的睡眠、我们的胃口、我们的血压、我们的健康和我们的快乐。如果仇人们知道他们是如何令我们担心，令我们苦恼，令我们一心想报复的话，他们一定会兴高采烈地跳起舞来。我们心中的怨怼不仅无法伤害到他们，反而使我们的生活变得像地狱一般。

是谁说过这样的话："如果自私的人想占你的便宜，不要理会他们，更不要想着试图报复。一旦你与他扯平了，你就会伤害自己，比伤害那家伙更多……"这些话听起来仿佛是一个伟大的理想主义者所说的，其实不然，这段话最初出现在一份由米尔瓦基警察局发出的通告上。

报复心是怎么伤害你的呢？伤害的地方可多了。根据《生活》杂志的一篇文章，报复甚至会对健康状况造成损害——高血压患者最主要的特征就是容易愤慨。长期愤怒，高血压和心脏病就会随之而来。

现在你应该懂得了，耶稣所说的"爱你的仇人"，不仅仅是一种道德上的训诫，而且是在宣扬一种20世纪的医学原理。当他说"原谅七十七次"的时候，他是在告诉我们如何避免高血压、心脏病、胃溃疡和其他种种疾病。

一个朋友心脏病突发，医生命令他躺在床上，并告诫他无论发生什么

第十五章 不要报复你的仇人

事都不能动气。懂得一点儿医学知识的人都知道，心脏衰弱的人，发脾气可能会送命。几年前，在华盛顿州的史泼坎城，就曾经有一名饭馆老板因过度生气而猝死。我手边有一封华盛顿州史泼坎城警察局局长杰瑞·史瓦脱写的信，他在信上说："68 岁的威廉·坎伯开了一家小餐馆，因为厨子用茶杯盛咖啡而感到非常生气，他抓起一把左轮枪去追那个厨子，结果因为心脏病发作倒地而亡，死时手里还紧紧抓着那把枪。验尸官的报告显示，他是因为愤怒引起心脏病发作而死的。"

当耶稣说"爱你的仇人"时，他也是在告诉我们：怎样改进我们的外表。我想你也和我一样，经常可以看到一些女人，她们的脸上常常因为过多的怨恨而布满皱纹，因为悔恨而扭曲，表情僵硬。无论如何美容，都比不上让她们的心中充满宽容、温柔和爱。

怨恨甚至可能会影响我们对食物的享受。《圣经》上说："怀着爱心吃菜，要比怀着怨恨吃牛肉好得多。"

如果仇人们知道怨恨会搞得我们心神俱疲，紧张不安，使我们的外表受到损害，使我们得心脏病，甚至可能置我们于死地，他们难道不会拍手称快吗？

即使我们无法爱我们的仇人，但至少应该学会爱我们自己，要使仇人无法控制我们的快乐、我们的健康和我们的外表。正如莎士比亚所言：

"不要因你的敌人而燃起一把怒火，最终却烧伤了你自己。"

当耶稣说，我们应该原谅我们的仇人七十七次时，他也是在教我们做生意。举例来说，当我写这一段的时候，我桌上正放着一封来自瑞典乌普萨拉的乔治·罗纳先生的来信。几年来他在维也纳从事律师工作，直到第二次世界大战才回到瑞典。他身无分文，急需找到一份工作。他能说并能写好几种语言，所以想找个进出口公司担任文书工作。大多数公司都回信说，因为战争的缘故，他们目前不需要这种服务，但他们会保留他的资料，等等。倒是有一个人这样回信给罗纳："你对我公司的想象完全是错误的，你实在很愚蠢。我一点都不需要文书，即使我真的需要，我也不会雇用你，你连瑞典文字都写不好，信中全是错误。"

当乔治·罗纳读这封信时,气得暴跳如雷。这个瑞典人居然敢说他不懂瑞典话,他自己呢?他的回信才是错误百出呢。于是,罗纳写了一封足够气死对方的信。不过他停下来想了一下,对自己说:"等等,我怎么知道他不对呢?我学过瑞典文,但它并非我的母语。也许我犯了错,我自己都不知道。真是这样的话,我应该再加强学习才能找到工作。这个人可能还帮了我一个忙,虽然他本意并非如此。他表达得虽然糟糕,倒不能抵消我欠他的人情。我应该写一封信感谢他。"

于是,乔治·罗纳把他写好的信揉掉,另外写了一封,信上说:"你根本不需要文书,还不厌其烦地回信给我,真是太难得了。我对贵公司没有做出正确判断,实在非常抱歉。我写那封信是因为我在查询中发现,你是这一行业的领袖。我当时不知道我的信犯了语法上的错误,我很抱歉并感到惭愧。我会再努力学好瑞典文,减少错误。我要谢谢你帮助我走上改进之路。"

几天后,罗纳又收到回信,对方请他去办公室见面。罗纳如约前往,并得到了工作。罗纳之所以成功,是因为他自己找到了方法:"以柔和消除愤怒。"

我们可能无法神圣到去爱我们的敌人的地步,但为了我们自己的健康与快乐,最好能原谅他们并忘记他们,这样才是明智之举。我有一次问

第十五章 不要报复你的仇人

艾森豪威尔将军的儿子,他父亲是否曾怀恨任何人。他回答:"没有,我父亲从不浪费一分钟去想那些他不喜欢的人。"

有一句老话说,不能生气的人是傻瓜,不会生气的人才是聪明人。

那也是前纽约市长威廉·盖诺所坚持的从政原则。他曾遭枪击,险些致命。当他躺在病床上挣扎求生时,他还说:"每晚睡前,我会原谅所有的人和事。"这听起来太理想化,太天真了吧?那就让我们再回顾一下德国哲学家叔本华的思想吧,他在《悲观论》中把生命比喻为痛苦的旅程,然而在绝望的深渊中,他仍说:"如果可能,任何人都不应心怀仇恨。"

有一次,我请教巴洛克——他曾任威尔逊、哈丁、柯立芝、胡佛、罗斯福以及杜鲁门这六位美国总统的顾问——当他遭遇政敌攻击时,有没有受到困扰?"没有任何人能侮辱我或困扰我,"他回答说,"我不允许他们这么做。"

没有一个人能侮辱我或困扰我——除非我自己允许。

棍棒、石头可以打断我的骨头,但语言永远也别想伤着我。

大师金言

恨不能止恨,爱能止恨。总想着报复你的仇人,胸中充满了仇恨,何谈享受这美好的人生。

157

第十六章

如果你做了，就不要因为没有感恩而难过

人性中总有遗忘的一面，我们没有必要抱怨别人不会知恩图报。假如我们做了善事，偶尔得到别人的感激，就应感到一阵惊喜。如果没有，也不至于难过。

卡耐基人性的优点经典全集

最近,我在德克萨斯州碰到一个义愤填膺的人,有人告诉我,只要你碰到他,15分钟内就一定会谈起那件事。果然如此。令他气愤的事发生在11个月前,可是他还是一提起来就生气。他不发泄完就根本不能谈别的事。他给34位员工发了10 000美元圣诞节奖金——每人差不多300美元——可是没有一个人谢谢他。他尖刻地抱怨说:"我很遗憾,我居然发给他们奖金,应该一个便士也不给他们的。"

"一个愤怒的人,"一位圣人说,"浑身都是毒。"我衷心同情面前这位浑身是毒的人。他已60岁了,据人寿保险公司统计,我们还能活着的平均年头是当前年龄与80岁之间差数的2/3。这位仁兄——如果他足够幸运——大概还可活十四五年。可是他却浪费了有限的余生中的将近一整年,为过去的事愤恨不平。我实在同情他。

除了愤恨与自怜,他本可以自问为什么人家不感激他的。有没有可能是因为待遇太低、工时太长,或是员工认为圣诞奖金是他们应得的一部分;也许他自己就是个挑剔又不知感谢的人,以致别人不敢也不想去感谢他;或许大家觉得反正大部分利润都要缴税,不如当成奖金。

从另一方面来说,也可能员工真的过于自私、卑鄙、没有礼貌,也许是这样,也许是那样。我也不会比你更了解整个状况。不过,我倒是知道英国约翰逊博士说过:"感恩是极有教养的表现,你不可能从一般人身上得到。"

这里我要谈的重点是:他指望别人感恩乃是犯了一个一般性的错误,他实在不懂人性。

如果你救了一个人的性命,你会期望他感恩吗?你可能会。可是,看看塞缪尔·莱博维茨的遭遇就知道这是一种奢望了。他在当法官前曾是位有名的刑事律师,曾使78个罪犯免上电椅。你猜猜看其中有多少人曾登门道谢,或至少寄个圣诞卡来?猜猜看。你猜对了——一个都没有。

耶稣基督曾用一个下午治好十个麻风病人——但是有几个人回来感谢他呢?只有一位。耶稣基督环顾门徒问道:"那九位在哪里呢?"他们全跑了,谢也不谢就跑得无影无踪!

第十六章 如果你做了,就不要因为没有感恩而难过

　　让我来问问大家:像你我这样平凡的人给了别人一点小恩惠,凭什么就希望得到比耶稣基督更多的感恩?

　　如果跟钱有关,那就更没指望啦!查尔斯·斯瓦博告诉我,他曾帮助过一位银行出纳,这位银行出纳挪用银行基金去做股票而造成亏损,斯瓦博帮他补足金额以免吃上官司,这位出纳员是否感谢他呢?是感谢他,但只是一阵子,后来他还跟这位救过他的人作对呢——就是这位曾经使他免于坐牢的人。

　　你如果送给你亲戚一百万美元,你会不会希望他感谢你呢?安德鲁·卡内基就资助过他的亲戚,不过如果安德鲁·卡内基重新活过来,一定会很震惊地发现这位亲戚正在诅咒他呢!为什么呢?因为卡内基将遗留下的三亿六千五百万美元捐给了公共慈善机构——但他只继承了一百万美元。

　　人世间的事就是这样。人性就是人性——你也不用指望会有所改

变。何不干脆接受呢？我们应该像一位最有智慧的罗马帝王奥勒留一样。有一天，他在日记中写道："就算我今天会碰到多言的人、自私的人、以自我为中心的人、忘恩负义的人，我也不会惊讶或困扰，因为我还想象不出一个没有这些人存在的世界是什么样子。"

他说的很有道理，不是吗？我们天天抱怨别人不会知恩图报，到底该怪谁？这是人性——还是我们忽略了人性？不要再指望别人感恩了。如果我们偶尔得到别人的感激，就应感到一阵惊喜。如果没有，也不至于难过。

我们不承认忘记感谢乃是人的天性。如果我们一直期望别人感恩，多半只是自寻烦恼。

我认识一位住在纽约的妇人，她一天到晚抱怨自己孤独。没有一个亲戚愿意接近她——这也不全怪他们。你去看望她，她会花几个钟头喋喋不休地告诉你，她侄儿小的时候，她是怎么照顾他们的。他们得了麻疹、腮腺炎、百日咳，都是她照看的，他们跟她住了许多年。她还资助一位侄子读完商业学校，直到他结婚前，他们都住在她家。

这些侄儿回来看望过她吗？噢！有的！有时候！完全是出于义务。可是他们都怕回去看她，因为想到要坐几个小时听那些老调、无休无止的埋怨与自怜，他们就头皮发麻。当这位妇人发现威逼利诱也没法叫她的侄子们回来看她后，她就只剩下最后一个"绝招"了——心脏病发作。

这心脏病是装出来的吗？当然不是，医生也说她的心脏相当"神经质"，常常发作心悸。可是医生也束手无策，因为她的问题是情绪性的。

这位女士看重的是注意与关爱，但是我认为她要的是"感恩"，可惜她大概永远也得不到感激或敬爱了，尽管她认为这是她应得的，她要求别人给她这些。

有成千上万的人都像她一样，因为别人都忘恩负义，因为孤独，因为被人疏忽而生病。他们渴望被爱，但是在这世上真正能得到爱的唯一方式，就是不索求，而且还要有不求回报的付出。

这听起来好像太不实际、太理想化了，不是吗？其实不然！这对你我

第十六章 如果你做了，就不要因为没有感恩而难过

来说都是追求幸福的一种最好的方法。我亲眼见到我家中发生的情况就是如此。我的父母乐于助人，我们很穷，老是因为欠债而窘迫，虽然穷成那样，我的父母每年总是能挤出一点钱寄到孤儿院去。他们从来没有去拜访过那家孤儿院，可能除了收到回信外，也从来没有人感谢过他们，不过他们已得到了报偿——因为他们享受了帮助这些无助小孩的喜乐，并不希冀任何感恩。

在离家外出工作后，每年圣诞节，我总会寄张支票给父母，请他们买点自己喜欢的东西，可是他们总也不买。当我每年圣诞节前几天回到家里时，父亲就会告诉我，他们买了煤、日用品送给城里一些有很多小孩的贫苦妇人，她们没有钱去买食物和煤。施与而不求回报的快乐是他们所能得到的最大快乐。

我深信我的父亲已符合亚里士多德理想中的人——也就是最值得快乐的人。"理想的人，"亚里士多德说，"以施惠于人为乐，但却会因为别人施惠于他而羞愧。因为能表现仁慈就是高人一等，而接受别人的恩惠就是低人一等。"

大师金言

如果你怀着人性中善的本意去做好事，去帮助别人，又何必一定要得到人家的感恩和回报呢？心怀仁爱的人以付出为人生最大的乐趣。

第十七章

如果有个柠檬,就做一杯柠檬水吧

在写这本书时,有一天,我到芝加哥大学向洛博·梅南·罗金斯请教怎样才能快乐。他回答说:"已故的希尔斯公司董事长朱利亚斯·罗森沃对我说,'当你只有一个柠檬,那就做一杯柠檬水。'"

这是一个伟大教育家的做法。如果是一个笨人，看到只有一个柠檬时，想法却是截然相反的："糟透了！这就是我的命运，一点希望也没有了。"随后，他会不停地抱怨，伤感命运对自己的不公平。而聪明的人却会琢磨："这件事情教会了我什么呢？我要怎样改变现在的状况，怎样把这个柠檬做成一杯柠檬水呢？"

著名心理学家阿尔弗雷德·安得尔倾尽毕生精力来研究人类未被开发的潜能，他认为"将负面影响变成正面动力"是人类最奇妙的特性之一。

下面这个故事非常有趣也很有意义，故事的女主角是我认识的一位女士，她正是这么做的。她叫瑟玛·汤普生，她在告诉我她的经验时说：

"战争时期，我丈夫驻扎在加利福尼亚州莫嘉福沙漠附近的陆军营地。我不想和他分离，就随军去了营地。那里让我极度厌烦，我这辈子还从未有过那么多的烦恼。没多久，我丈夫被派往沙漠腹地出差，我自己留在那间破旧的住房里。那儿热得简直无法忍受——虽然被高大仙人掌的影子遮盖，温度还是高达华氏 125 度。那儿只能见到墨西哥人和印第安人，可他们又都不会说英语。沙尘不停地被风吹起，所有食物，甚至呼吸的空气中都是沙子！沙子！沙子！

"我如此痛苦地煎熬着，觉得自己再也忍受不下去了，就给父母写了一封信，我告诉他们我想放弃，想回家，一分钟也待不下去了。我还说这里连监狱都不如。我父亲给我写了回信，通篇只有两句话，这两句话从此深深刻在我的脑海中，完全改变了我的人生：

有两个囚犯同时从监狱的围栏内向外望去，一个囚犯只看到了满地的泥泞，另一个却看到了满天繁星。

"这两句话被我连读了好几遍，越读越心生惭愧。我决心留下来，找到这里好的一面，我也想要看到满天繁星。

"我和当地的土著居民慢慢成了朋友，他们对我的热情令我惊讶不已，当我对他们手工织的布或是陶器流露出兴趣时，他们就把那些他们珍藏的不肯卖给观光游客的物品当礼物送给我。我开始欣赏仙人掌和思

第十七章 如果有个柠檬，就做一杯柠檬水吧

兰，喜欢上了土拨鼠。我欣赏大漠落日，还去沙漠里寻找贝壳——这里300万年前曾经是一片汪洋。

"是什么改变了我？沙漠还是原来的沙漠，土著也还是原来的土著，我的心态却不复昔日烦忧。以前觉得可怕而难以忍受的事物，如今却让我的生活充满刺激和乐趣。我发现了一个全新的世界，这令我感动且兴奋，于是我写下了小说《光明之路》……我从自己当初的牢狱中向外观望，我看到了满天闪烁的星星。"

瑟玛·汤普生，你还发现了耶稣降生前500年希腊人交给我们的一个真理——"最好的那些都是最难得到的"。

在20世纪，哈瑞·爱默生·福斯迪柯把这句话又重复了一遍："快乐的感觉大部分来自于胜利，而不是享受。"确实如此，这种胜利的快乐是一种成就，令人自豪，因为我们成功地将柠檬做成了柠檬水。

我曾造访过一位住在佛罗里达州的快乐农夫，他曾将一个有毒的柠檬做成了可口的柠檬水。当他买下农地时，他心情十分低落。土地贫瘠，不适合种植果树，甚至连养猪也不适宜。除了一些矮灌木与响尾蛇，什么都活不了。后来他忽然有了主意，他决定将负债转为资产，他要利用这些响尾蛇。于是不顾大家的惊异，他开始生产响尾蛇肉罐头。几年后我去拜访他时，我发现每年有平均两万名游客到他的响尾蛇农庄来参观。他

的生意好极了。我亲眼目睹毒液抽出后送往实验室制作血清,蛇皮以高价售给工厂生产女鞋与皮包,蛇肉装罐运往世界各地。我买了一些当地的风景明信片到村中邮局寄出去,发现邮戳盖着"佛罗里达州响尾蛇村",可见当地人很是以这位把毒柠檬做成甜美的柠檬汁的农夫为荣。

大师金言

要培养能带给你平和与快乐的心境,请记住:当命运交给我们一个柠檬时,让我们试着做一杯柠檬水。

第十八章

战胜抑郁的心魔

不知道有多少人被抑郁的心魔控制着,失去了享受幸福人生的能力。可是,抑郁是于事无补的,既然如此,又何必跟自己过不去呢?

卡耐基人性的优点经典全集

在开始写作此书时,我曾悬赏 200 美元,以《如何战胜忧虑》为题,征集最能打动人心的自我激励的故事。

这次征文比赛有三位评委,分别是东方航空公司的董事长艾迪·雷肯贝克、林肯纪念大学校长史都华·麦克柯里南博士、广播新闻评论家卡谭·波恩。然而,我们收到的稿件中有两篇非常优秀的作品,使三位评委无法取舍,只得让两名应征者平分了奖金。下面就是得奖故事之一,作者是密苏里州春田镇的波顿先生。

"我 9 岁时失去母亲,12 岁时丧父。父亲死于意外,母亲在 19 年前的一天离家后就再也没有回来,我也再没有机会见到我那两个小妹妹。母亲离家 7 年后才给我寄来了第一封信。我母亲出走 3 年以后,父亲死于一次意外事件。他跟别人在密苏里州的一个小城合开了一家咖啡馆。父亲出公差时,他的合伙人卖了咖啡馆携款跑了。一位朋友拍电报给父亲叫他尽快赶回来。仓皇之中,父亲在堪萨斯州发生了车祸,死了。我有两位姑姑,又老又病又穷,是她们收留了我们家 5 个孩子中的 3 个,剩下我和小弟没人要,镇上的人怜悯我们,收留了我们。我们最怕人家把我们当孤儿看,但这种恐惧也是躲不过的。我在镇上一个穷人家寄居了一阵子,但日子很难过,那家的男人失业了,他们再也没有能力养活我。接着洛夫汀夫妇把我接到离镇 11 英里(约 18 千米)的农庄,并收留了我。洛夫汀先生已 70 岁高龄,长年卧病在床,他告诉我只要不说谎、不偷窃、听话,我就可以一直跟他们住在一起。这三条戒律成了我的圣经,我小心恪守着这些规则。我开始上学,但第一个礼拜我就像一个小婴儿似的躲在家里号啕大哭。别的孩子都来找我的麻烦,拿我的大鼻子取笑,说我是个笨蛋,还叫我'小孤儿'。我心里难过极了,真想打他们一顿。但洛夫汀先生跟我说:'永远记住! 一位真正的男子汉不会随便跟人打架。'我一直不跟他们打架,直到有一天,一个男孩捡起鸡屎丢到我脸上,我才狠狠地揍了他一顿,还交了几个朋友,他们说那家伙罪有应得。

"洛夫汀太太给我买了一顶新帽子,我非常得意。一天,一个大女孩把它从我头上抢去,灌水弄坏了。她还说她把帽子装了水,'好淋湿我的

第十八章 战胜抑郁的心魔

大脑袋,让我爆米花似的脑筋不要乱爆'。

"我从不在学校哭,不过,回家后就忍不住了。有一天,洛夫汀太太给了我一个化敌为友的建议。她说:'拉尔夫,如果你先对他们感兴趣,看看能帮他们什么忙,他们就不会再取笑你,或叫你小孤儿了。'我听了她的话,用功读书,虽然我在全班功课最好,但没有人嫉妒我,因为我会帮助别人。

"我帮几个男孩写作文,帮人写辩论稿。有个男孩还怕家人知道是我在帮他,他只告诉他妈妈他去抓动物了。他偷偷到洛夫汀太太家来,把狗绑在谷仓里,找我替他做功课。我还帮一个同学写读书报告,还花了几个晚上帮过一个女生做算术。

"死神侵袭到我们的附近,两位年纪很大的农夫相继去世,一位太太被丈夫遗弃,我是这4家人家中唯一的男性。两年来,我一直在帮这几位寡妇。上学和放学途中,我会到她们家,为她们砍柴、挤牛乳、喂牲畜。现

171

卡耐基人性的优点经典全集

在人们不再诅咒我,反而称赞我。每个人都把我当做朋友。我在海军退役回来时,他们都流露出真挚的感情欢迎我。我到家的第一天,就有200多位邻人来看我。有人开了80英里(约129千米)的车,他们对我的关心是那么真诚。由于我一直乐于助人,我的烦恼很少,13年来,再也没有人叫过我'小臭孤儿'了。"

波顿先生万岁!他懂得如何交朋友。他也知道如何战胜忧虑,享受人生。

大师金言

要懂得交朋友,要在和朋友的相处中发现和享受快乐。

第十九章

每天做一件善事

什么是善事呢？善事不一定是要你出多少钱帮助别人解决多大的困难,穆罕默德说,善事"就是能给他人脸上带来欢笑的事"。每天做一件善事,就不会有时间想到自己,就没有忧虑、恐惧与忧郁的时间了。

卡耐基人性的优点经典全集

华盛顿州西雅图的弗兰克·卢帕博士也是一样。他因风湿病已在床上躺了23年，但西雅图《星报》的斯图尔特·怀特豪斯告诉我："我采访过卢帕博士许多次，我不知道还有谁比他更无私，更善用人生。"

一个像他这样卧床不起的病人怎么能善用人生呢？我让你猜两次。他是因为批评抱怨而做到的？当然不是！那么是因为自怜，把自己当作一切的中心？当然又错了！他做到了，因为他遵循威尔斯王子的誓言："我服务于人。"他收集了许多其他瘫痪病人的姓名地址，给他们写信鼓励。事实上，他组织了一个瘫痪者联谊俱乐部，让大家相互写信，最后他组织了一个全国性的社团组织，称为病房里的社会。

他躺在床上，平均一年要写1400封信，而别人捐赠的收音机和书籍给千万个同病相怜的人带来了喜悦。

卢帕博士与其他人最大的差异在哪里？因为他有一种无穷的精神力量，有一种使命感。他深切体会到，比自身生命更高贵的奉献动机，会带来真正的快乐。正如萧伯纳所说："一个以自我为中心的人总是在抱怨世界不能顺他的心，使他快乐。"

著名心理学家阿尔弗雷特·阿德勒的一句话曾使我十分震动。他常对那些患有忧郁症的病人说："按照这个处方，保证你14天内就能治好忧郁症。试着每天想到一个人，你要努力使他开心。"

这句话听起来如此不可思议，我认为我应该将阿德勒博士的名著《生命对你应该有什么意义》一书中的几页摘录下来，供你借鉴。（顺便说一句，这本书值得你一读。）

阿德勒在《生命对你应该有什么意义》中说："忧郁症就像一种长期愤怒责备的情绪，其目的是赢得他人的关心、同情与支持，病人似乎仍因自身的罪恶感而沮丧。忧郁病人第一件回想的事多半是：'我记得我很想躺在沙发上，可是我哥哥先躺下了，结果我大哭到他不得不走开。'

"抑郁病人常以自杀作为报复他们自己的手段，因此医生的第一步是避免给他任何自杀的借口。我自己治疗他们的第一条措施是先解除这种紧张，我会说：'千万别做任何你不喜欢的事。'这看起来没什么，但我深信这是一切

第十九章 每天做一件善事

问题的根源。如果病人能做他想做的事,那他还能怪谁？又怎么向自己报复？我会告诉他们:'如果你想上戏院,或休个假,就去做。如果半路上你又不想去了,那就别去。'这是最好的状况,因为他的优越感会得到满足。他就像上帝一样随心所欲。不过,从另一方面来看,这完全不符合他的习性。

"他本来是想控制别人、怪罪别人,如果大家都同意他,他就无从控制了。用这种方式,我的病人之中,从来没有发生自杀事件。

"病人通常会回答我:'可是没有一件事是我喜欢做的。'我早就准备好了怎么回答他们,因为我实在听过太多次了,我会说:'那就不要做任何你不喜欢的事。'有时候他会回答:'我想在床上躺一整天。'我知道只要我同意,他就不会那么做。而如果我反对他,就会引起一场大战。我通常一定会同意的。

"这是一种方式,另一种处理他们生活方式的方法更直接。我告诉他们:'只要照这个处方,保证你14天内痊愈,那就是每天想办法取悦别人。'看他们觉得如何。他们的思想早被自己占满了,他们会想:'我干吗去担心别人？'有的人会说:'这对我太简单了,我一生都在取悦别人。'事实上,他们绝对没有做过。我叫他们再想想看,他们并没有再去想它。我告诉他们:'你睡不着的时候,可以全部用来想你可以让谁开心,而且这对你的健康会很有助益。'第二天我问他们:'你昨晚有没有照我建议的去做呀？'他们回答:'昨晚我一上床就睡着了。'当然这都是在一种温和友善的气氛下进行的,不能露出一丝优越的神情。

"还有人会说:'我做不到,我太烦了！'我会说:'不用停止烦恼,你只要同时想想别人就好了。'我要把他们的注意力转移到别人身上。很多人对我说:'为什么要我去取悦别人？别人怎么不来取悦我？''你得想到你的健康。'我回答,'别人后来会有苦头吃的。'我几乎没有碰到过一位病人说:'我照你的建议想过了。'我所有的努力不过是想提高病人对他人的兴趣。我了解他们的病因是因为与人缺乏和谐,我要他也能了解这一点。什么时候他能把别人放在同等合作的地位,他就痊愈了。宗教最重要的信条是'爱你的邻人'……那些对别人不感兴趣的人不但自己有很

175

严重的困难,而且给周围的人也带来最大的伤害,人类所有的失败都是因为这一类人引起的,我们对一个人的要求,以及所能给予的最高赞赏就是,只要他是一位好同事、好朋友、或者是爱情与婚姻的良伴。"

阿德勒博士督促我们每天做一件善事,什么是善事呢?先知穆罕默德说:"就是能给他人脸上带来欢笑的事。"

为什么每天做一件善事对人会有这么大的益处呢?原因是,想要取悦他人时,就不会有时间想到自己,而产生忧虑、恐惧与忧郁的主要原因就是只想到自己。

威廉·穆恩太太在纽约开办了一所穆恩秘书学校,她不用两个礼拜就祛除了忧虑。事实上,由于一对孤儿的出现,她只用了一天的时间就治好了。

事情的经过是这样的。"5年前的12月,我陷入了一种自怜与悲伤的情绪低潮,过了几年快乐的婚姻生活后,我失去了我的先生。越接近圣诞,我的哀伤越深。我从来没有一个人过圣诞节,我恐惧它的来临。朋友们都来邀我去他们家,可是我不想,我知道我在任何一家都会触景伤情的。于是,我婉言拒绝了他们的好意。越接近圣诞夜,我越被自怜所淹没。没错,我还有许多值得感谢的事,每个人也都有。圣诞夜那天,我下午三点离开办公室,在第五大道漫无目的地闲逛,希望能驱走内心的自怜与忧郁情绪。街上满是欢乐的人们——令人不得不忆起逝去的快乐年

第十九章 每天做一件善事

华。我不敢想象自己得回到孤独空洞的公寓。我一片茫然,实在不知道要做什么,忍不住眼泪夺眶而出。逛了一个多小时,我发现自己停在公车站前,想起以前我先生和我会坐公车去探险,我于是也上了进站的第一部公车。过了赫德逊河一阵子,我就听到乘务员说:'终点站了,女士。'我下了车,连地名也不知道,不过倒是个安静平和的小地方。在等车回去的时候,我开始逛逛住宅区的街道。我经过一座教堂,里面传出优美的《平安夜》的乐声,我走进去,里面没有别人,只有一位风琴手。我静静地坐在教友席上,圣诞树的装饰灯美极了,美妙的音乐——加上我从早上起就一直没吃东西——我觉得有点头晕,结果就昏昏地睡着了。

"我醒来时,不知道自己身在何处,我害怕了,接着我看到前面有两个小孩,显然是进来看树的。其中一个小女孩指着我说:'她会不会是圣诞老人带来的?'我醒来时也把他们吓了一跳。我告诉他们我不会伤害他们。他们穿得很破,我问他们父母在哪儿?他们说他们没有父母。原来他们是两位小孤儿,情况比我以前见过的糟多了,他们使我对自己的忧伤和自怜感到惭愧。我带他们看那棵圣诞树,又带他们去小店买点零食、糖果及小礼物。我的孤独感奇迹般地消失了,这两位孤儿让我几个月以来第一次感到真正的关心与忘我。我跟他们聊天,发现自己是何等幸运。我感谢上天,我儿时的圣诞节过得多么开心,充满父母的爱与关照。这两个小孩带给我的远比我给他们的多得多。这次的经历再度告诉我要使自己开心,只有先使别人开心。我发现快乐是具有传染力的。有人施与,有人接受。因为帮助别人、爱别人,我克服了忧虑、悲伤与自怜,有了重生的感觉。而我也确实有了重大的改变——不只是在当时,后来的几年都是这样。"

大师金言

快乐是具有传染力的。有人施与,有人接受。因为帮助别人、爱别人,而使我们有了重生的感觉。

第二十章

如果钱能给别人带来幸福，那就去做吧

有的人很穷,穷得只剩下金钱了。比如石油大王洛克菲勒,手上有数百万美元可以自由支配,但是他仍然担心会失去一切财富。怪不得忧虑会拖垮他的身体,他只为金钱而疯狂,他只是一个贪婪的占有者吗？不,他发现用他的钱可以做很多善事,于是,他不停地做,一直做到98岁。

卡耐基人性的优点经典全集

  石油大王约翰·洛克菲勒在33岁时赚到了第一个100万美元;43岁时建立了世界上最庞大的石油公司——标准石油公司。那么,53岁时他又取得了什么样的成就呢？其垄断事业的确蒸蒸日上,然而高度紧张的生活也带来了无限的烦恼,对他的健康产生了很坏的影响。53岁的他"看起来像个木乃伊",他的传记作家约翰·温克勒这样描述他。

  53岁时,洛克菲勒患上了一种神秘的消化系统疾病,头发全部掉光,甚至连眼睫毛也开始脱落,只剩下淡淡的一层绒毛。"他的情况十分严重。"温克勒说,"相当长的一段时间,他被迫依靠吮吸人奶生存。"医生诊断的结果是他患上了"脱毛症",这种疾病通常是过度紧张引起的。光秃秃的样子很古怪,他不得不戴上帽子。后来,他又定制了一些假发——每顶500美元,一直戴到他去世。

  洛克菲勒的身体本来十分健壮,从小在农场长大,体力劳动使他的肩膀又宽又壮,腰杆挺直,步伐稳健有力。

  然而在53岁时——男人的壮年期——他的双肩开始下垂,走起路来摇摇晃晃。为他写传记的另一位传记作家佛林这样描写他:"照镜子时,他所见到的是一位老人。无休止的工作,无穷无尽的烦恼,长期的不良生活习惯导致的失眠,以及缺乏运动和休息,已夺去了他的健康。"医生只准他吃些酸牛奶和饼干,这位世界上最富有的人,却只能吃一些穷人都不屑一顾的食物。他的皮肤已失去光泽,看上去像是老羊皮包在骨头上。金钱在这个时候也毫无用处,只不过能为他提供足够的医疗保健,使他不至于在53岁的壮年期死去。

  这究竟是怎么一回事？烦恼、惊吓、高度紧张的生活是这一切的根源,是他自己将自己"推"到了死亡的边缘。早在23岁时,洛克菲勒就开始全心全意追求自己的目标了。他的朋友说:"除了生意上的好消息以外,没有任何事情能令他展颜欢笑。每当做成一笔生意,赚到一大笔钱时,他都会兴奋地将帽子摔到地上,痛痛快快地跳起舞来。可一旦失败了,他也会随之病倒的。"有一次,他经由五大湖区托运价值4万美元的谷物,为了节省保险费而没有投保险。当天晚上,狂风暴雨袭击了伊利湖,

第二十章 如果钱能给别人带来幸福，那就去做吧

洛克菲勒十分担心，生怕自己的货物遭遇不测。第二天一早，当合伙人乔治·加勒来到办公室时，发现洛克菲勒早就在那里，正绕着房间焦急地徘徊。一见到加勒，他用颤抖的声音说："快，去看现在是否还能投保……也许太迟了。"加勒赶紧冲进城里去，取得保险。但当他回到办公室时，发现洛克情绪变得更加沮丧。原来船主发来一封电报：货物已卸下，未受暴风雨袭击。但洛克菲勒反而比先前更加沮丧，因为他们已白白浪费了150美元！事实上，他太伤心了，以至于不得不回家躺着。想想看，一个每年经营50万美元生意的老板，却为150美元如此失魂落魄，甚至不得不躺到床上去，这是多么不可思议啊！

为了生意，他几乎放弃了所有的游玩和休息时间，除了赚钱，他几乎没有其他的爱好。当他的合伙人加勒和其他三位朋友以2000美元的价格买下一艘二手游艇时，洛克菲勒简直吓坏了，甚至拒绝乘坐游艇出航。

一个星期六的下午，加勒发现他还在办公室里工作，就对他说："走

181

吧,洛克,我们乘船出去玩玩吧,暂时忘掉工作,放松一下。"

洛克却对他怒目而视,"乔治·加勒,"他以严肃的态度警告说,"你是世界上最浪费的人,你应该明白你正在破坏自己在银行里的信用,也就是我的信用。你会将我们的生意毁掉的。不,我绝不乘坐你的游艇,我永远也不愿见到它!"于是,他整个星期六下午都留在办公室里工作。

"缺乏幽默感和安全感",这是洛克菲勒一生最重要的特征。他曾说过:"每天晚上,我都要告诫自己,我的成功只是暂时性的,然后才躺下来睡觉。"

手上有数百万美元可以自由支配,但是他仍然担心失去一切财富,怪不得忧虑会拖垮他的身体。他没有时间游玩和娱乐,从未上过戏院,从未玩过纸牌,从未参加过宴会。正如马克·汉纳所说的,他为金钱而疯狂,"在别的事务上都很正常,独独为金钱而疯狂"。

有一次,在俄亥俄州克利夫兰,洛克菲勒曾向一位邻居袒露心声,他内心深处也"希望有人爱我",但是过分的冷漠、多疑往往使人敬而远之。著名银行家摩根有一次就抱怨说:"我不喜欢那种人,我不愿和他有任何往来。"

洛克菲勒的亲弟弟对他也深恶痛绝,甚至将自己孩子的棺木从家族墓园里移出。他说:"我不会让任何一个我的后代在约翰·洛克菲勒所控制的土地里安息。"

洛克菲勒的职员和同事对他敬畏有加,最可笑的是,他竟然也害怕他们——怕他们在办公室外乱说乱讲,"泄露了公司秘密"。他对人类天性没有丝毫的信心,有一次,当他和一位独立制造商签订10年合约时,他要求那位商人保证不告诉包括妻子在内的任何人。"紧闭你的嘴,努力工作",这就是他的座右铭。

就在他的事业达到巅峰之时——财富如同威苏维火山的金黄岩浆一样,源源不绝地流入他的保险库中——他的个人世界却开始分崩离析了。许多书籍和文章公开谴责标准石油公司不择手段的财阀行为——和铁路公司之间的秘密回扣无情地压倒任何竞争者。

第二十章　如果钱能给别人带来幸福，那就去做吧

在宾夕法尼亚州，当地人们最痛恨的就是洛克菲勒。那些被他打败的竞争对手，将他的头像吊在树上来泄恨，许多人都渴望亲手将绳子套在他那萎缩的脖子上。充满火药味的信件如雪片般涌进他的办公室，威胁要取他的性命，以至于他不得不雇用许多保镖，防止遭他人的暗算。他试图忽视这些敌视的情绪，有一次曾以一种讽刺的口吻说道："尽管踢我、骂我吧，但我还是会按照自己的方式行事。"

但是，最后他还是发现自己毕竟是一个凡人，无法忍受人们对他的仇视以及忧虑的侵蚀。他的身体越来越虚弱了，疾病——这位新的敌人——正从内部向他发起攻击，令他措手不及。

最初，他试图对自己偶尔的不适保守秘密，但是，失眠、消化不良、掉头发等许多身体症状是无法隐瞒的。医生将实情坦白地告诉他，摆在他面前的选择只有两种：死亡和休息。他们警告他：他必须在退休和死亡之间做一选择。

他选择休息，然而在退休之前，烦恼、贪婪、恐惧已彻底破坏了他的健康。美国著名传记作家伊达·塔贝第一次见到他时，十分震惊，她在书中写道："他的脸上显示着可怕的衰老，我从未见过如此苍老的人。"

老了？这究竟是怎么回事？洛克菲勒比当时重新返回菲律宾的麦克阿瑟将军还要年轻几岁呀！然而他的身体竟如此衰老。伊达·塔贝深感悲哀。当时，她正在撰写一本著作，试图揭露标准石油公司的"罪恶"，对一手建造这个庞大机构的人自然不会有什么好感。但是当她看见洛克菲勒在主日学校教书，用焦急的眼神搜寻四周时，她说："我有一种前所未有的伤心感觉，这种感觉与日俱增。我为他伤心，我深深体会到，没有知心朋友和爱人是一件多么恐怖的事情。"

医生开始努力地挽救洛克菲勒的生命，他们为他订立了三条规则，也成为他奉行不渝的三条规则：

1. 避免烦恼。在任何情况下，绝不为任何事烦恼。
2. 放松心情，多做户外活动。
3. 注意节食。随时保持半饥饿状态。

洛克菲勒遵守了这三条规则,因此挽救了自己的生命。他从正在蓬勃发展的事业中退下来,学会了打高尔夫球、整理庭院、打牌、唱歌以及和邻居聊天。

但他同时也进行别的事。温克勒说:"在那段痛苦的日子和失眠的夜晚,约翰·洛克菲勒终于有时间自我反省了。"他开始为他人着想,不仅停止想自己能赚多少钱,而且开始思考那些钱能换取多少人间幸福。

简而言之,洛克菲勒开始考虑把数百万的金钱捐出去。像他这样有过如此经历的人,送钱也并不是一件容易的事,当他向一座教堂奉献时,全国各地的传教士齐声发出反对的吼声:"腐败的金钱!"

但他没有为之所阻,而是继续开展自己的慈善事业。当他得知密歇根湖畔一所大学因抵押权而被迫关闭时,他立刻捐出数百万美元加以援助,将它建成今天举世闻名的芝加哥大学。

他竭尽全力地帮助黑人。他毫不犹豫地捐献巨款给塔斯基吉黑人大学,帮助他们完成黑人教育家华盛顿·卡文的志愿。当著名的十二指肠虫专家史泰尔博士说:"只要价值五角钱的药品就可以为一个人治愈这种病——谁会捐出这五角钱呢?"洛克菲勒捐了出来,他捐了数百万美元以消除十二指肠虫,解除了这个曾使美国南方一度陷于困境的疾病。此后,他又实施了一个更伟大的行动,组建了一个庞大的国际基金会——洛克

第二十章 如果钱能给别人带来幸福，那就去做吧

菲勒基金会，致力于在全世界范围内消除各种疾病、贫穷和文盲。

在此，我谨向这个伟大人物表示自己由衷的敬意，因为洛克菲勒基金会曾经救过我一命。我依然十分清楚地记得，1932年，我正在中国内地考察，霍乱蔓延整个北平，贫苦的农民像苍蝇一样死去。在一片恐怖惊慌中，我们仍能够来到洛克菲勒医学院接受预防注射，而免予受到感染。从那时开始，我第一次真正懂得了洛克菲勒的百万美元对于全世界的贡献。

像洛克菲勒基金会这种壮举，在历史上前所未见，举世无双。洛克菲勒深知世界各地许多有识之士正在开展许多有意义的活动——默默无闻的研究工作、一所所学校的建立、医生无私的奉献，但是，种种努力常常因为经费的缺乏而停顿。他试图给予他们一些帮助，不是"将他们接收过来"，而是给予一定的资金支持他们完成工作。

今天，你我都应该对约翰·洛克菲勒表示感谢，因为在他的资助下，科学家发现了盘尼西林，还有许多重大的发现，你也可以感谢他，这些发现使你和你的孩子不再因感染脊骨脑膜炎而死，也不再受疟疾、肺结核、流行性感冒、白喉和其他目前仍危害人类的各种疾病的困扰。

洛克菲勒自己呢？他把钱捐了出去是否获得了心灵的平安？是的，他终于感觉到满足了。"如果人们仍然认为，从1900年以来，他因社会对标准石油公司的攻击而一蹶不振，那他们就错了。"亚伦·尼文斯说，"他们就大错特错了。"

洛克菲勒很快乐，他完全变了，他已不再烦恼。当他被迫接受生命中最大一次失败时，他甚至不愿因此而失去一个晚上的睡眠。

那次失败是这样的：根据美国政府的意见，他亲手创立的那家大企业——标准石油公司是一家垄断性公司，违反了《反托拉斯法案》，被政府判罚"历史上最重的罚款"。这场官司打了5年，几乎全美国最优秀的律师都投入到这场看起来永不终止的官司之中。最后，标准石油公司败诉了。

当南迪斯法官宣布他的判决之时，辩方律师担心洛克菲勒心理无法承受——他们不了解他已经完全改变了。

185

当天晚上,一位律师打电话给洛克菲勒,尽量委婉地将判决结果告诉他,并且宽慰他:"洛克菲勒先生,希望这项判决不会令你烦恼,希望你还能睡个好觉。"

你猜老洛克菲勒是怎么回答的?他轻松地回答道:"不要担心,强森先生,我本来就打算好好睡一觉的。希望你也不要因这件事而心烦,晚安!"

这番话竟出自一个曾因损失150美元而伤心地倒在床上的人的口中?是的。约翰·洛克菲勒花费了很长一段时间才克服了自己的问题。他"死于"53岁,却一直活到了98岁。

大师金言

他把钱捐了出去获得了心灵的平安,是的,他终于感觉到满足了。不论遇到什么样的烦心事,他都可以安然入睡。

第二十一章

帮助别人就是帮助自己

每个人都有自己的烦恼、梦想和野心,都渴望有机会和他人来分享自己的快乐和忧愁,试着伸出你的援手,也许就会为别人带来惊人的改变。

卡耐基人性的优点经典全集

我可以写一本有关忘我而找回健康快乐的书,这种故事太多了。我先举玛格丽特·泰勒·耶茨的故事为例,她是美国海军最受欢迎的女性。

耶茨太太是一位小说家,但她写的小说没有一部比得上她自己的故事真实而精彩,她的故事发生在日本偷袭珍珠港的那天早晨。耶茨太太由于心脏不好,一年多来躺在床上不能动,一天得在床上度过22个小时。最长的旅程是由房间走到花园去进行日光浴,即使那样,也还得倚着女佣的扶持才能走动。她亲口告诉我她当年的故事:

"我当年以为自己的后半辈子就这样卧床了。如果不是日军来轰炸珍珠港,我永远都不能再真正生活了。

"发生轰炸时,一切都陷入了混乱。一颗炸弹掉在我家附近,震得我跌下了床。陆军派出卡车去接海、陆军军人的妻儿到学校避难,红十字会的人打电话给那些有多余房间的人。他们知道我床旁有个电话,问我是否愿意帮忙作联络中心。于是我记录那些海军陆军的妻小现在留在哪里,红十字会的人会叫那些先生们打电话来我这里找他们的眷属。

"很快我发现我先生是安全的。于是,我努力为那些不知先生生死的太太们打气,也安慰那些寡妇们——好多太太都失去了丈夫。这一次阵亡的官兵共计2117人,另有960人失踪。

"开始的时候,我还躺在床上接听电话,后来我坐在了床上。最后,我越来越忙,又亢奋,忘了自己的毛病,我开始下床坐到桌边。因为帮助那些比我情况还惨的人,使我完全忘了我自己,我再也不用躺在床上了,除了每晚睡觉8个小时。我发现如果不是日本空袭珍珠港,我可能下半辈子都是个废人。我躺在床上很舒服,我总是在消极地等待,现在我才知道潜意识里我已失去了复原的意志。

"空袭珍珠港是美国历史上一次最大的悲剧,但对我个人而言,却是我碰到过的最好的一件事。这个可怕的危机让我找到我从来不知道自己拥有的力量,它迫使我把注意力从自己身上转移到别人身上。它也给了我一个活下去的重要理由,我再也没有时间去想我自己或只为自己担忧。"

第二十一章　帮助别人就是帮助自己

心理医师的病人如果都能像耶茨太太所做的那样去帮助别人,起码有 1/3 可以痊愈。这是我个人的想法吗? 不,这是著名心理学家荣格说的,他说:"我的病人中,大约有 1/3 都不能在医学上找到任何病因,他们只是找不到生命的意义,而且自怜。换个方式说,他们一生只想搭个顺风车——而游行队伍就在他们身边经过。于是他们带着自怜、无聊与无用的人生去找心理医师。赶不上一班渡轮,他们会站在码头上,责怪所有的人,除了他自己,他们要求全世界满足他们自我中心的欲求。"

你现在可能会说:"这些事也不怎么样,如果圣诞夜遇到孤儿,我也会关心他们;如果我碰到珍珠港事件,我也会很高兴做耶茨太太所做的事,可是我的状况跟人家不同。我的日子再平凡不过了。我一天得做 8 个小时无聊的工作,从来没有任何有趣的事发生在我身上。我怎么会有兴趣去帮助别人呢? 我又干吗要帮助别人? 那对我有什么好处呢?"

问得好,我会努力回答这些问题。无论你的生活多么平凡,但几乎每天都会碰到一些人,你对他们怎么样? 你是仅仅看他们一眼,还是试图去了解他们的生活? 譬如一个邮差,每年要走几百公里路,把一封封信送到你的门口,你曾经尝试过问他住在哪里,或者要求看一看他太太和孩子的照片吗? 你有没有问一问他的脚是否很酸? 他的工作会不会让他觉得很烦呢? 还有那些杂货店里送货的孩子、卖报的人、街角为你擦鞋的那个家伙。这些人也都是人,都有自己的烦恼、梦想和野心,他们渴望有机会和他人来分享自己的快乐和忧愁,可你有没有给他们机会呢? 你有没有对他们的生活流露出一份兴趣呢? 这就是我的回答。你不一定要做南丁格尔或者一名社会革命家才能改变这个世界,但你可以从明天早上开始,从你所碰到的那些人做起。

这样做有什么好处呢? 它能给你带来更多的快乐和更大的满足,能让你心中充满惬意。亚里士多德将这种人生态度称之为"有益于人的自私"。古代波斯的拜火教教主琐罗亚斯特曾说过:"做好事来帮助他人并不是一种责任,而是一种快乐,它能够使你自己变得更健康和更快乐。"富兰克林的说法更直截了当:"当你善待他人时,也就是在善待自己。"

卡耐基人性的优点经典全集

亨利·林克——纽约心理治疗中心的负责人认为:"以我所见,现代心理学最重要的发现,就是以科学的方式证明,人必须自我牺牲和自我约束,才能达到自我意识与快乐。"

多从他人的角度思考,不仅能使你不再充满忧虑,还能帮助你广交朋友,获得更多的人生乐趣。但是究竟怎样才能做到这一点呢?我曾向耶鲁大学的威廉·李昂·菲尔普教授咨询过,他是这样回答我的:

"无论是住旅馆、理发,还是购物,我总是对自己所碰到的人说一些令他们高兴的话,我始终将他们当作是一个人,而不是机器里的一个小零件。我会称赞商店里接待我的服务员小姐,说她的眼睛很漂亮,头发很美;我会很关切地询问正在为我理发的师傅,整天站着会不会觉得累?我向他了解他是如何干上理发这一行的,干了多久?是否曾经统计过一共剃过多少个头?我发现,当你对他人表示出浓厚的兴趣时,能够让他们高兴起来。当我与那个正在帮我搬行李的戴着红帽子的侍应生握手时,他就会觉得十分开心,就会充满了精神。

"一个炎热夏天的中午,我走进纽海文铁路餐车。餐车拥挤不堪,几乎变成了一个疯人院。由于人满为患,服务非常慢,等了很久,侍者才将菜单交给我,我边点菜边对他说:'后面厨房一定又热又闷,厨师们今天一定累极了。'那个侍者突然叫了起来,声音里充满了怨恨。最初,我以为他

第二十一章　帮助别人就是帮助自己

是在生气。'老天啊!'他大声地说,'每个人都抱怨这里的东西难吃,骂我们动作太慢,嫌这里的空气太闷热,饭菜的价钱太贵,在这里我听各种各样的抱怨已经有19年了。你是第一个,也是唯一一个对那些在闷热的厨房里干活的厨师表示同情的人,我真想乞求上帝多让我们有几个像你这样的客人。'"

"侍者之所以如此吃惊,在于我将后面那些黑人厨师也当作人看待,而不是将他们看作铁路大机构里面的小螺丝。"菲尔普教授接着说,"普通人所希望的,不过是他人能将自己当人来看待,每当我在街头看到有人牵着一条漂亮的狗时,我总会夸一夸那条狗,当我往前走几步回过头时,经常会看到那个人用手拍一拍狗头表示自己的欢欣。我的赞美使他更加喜欢自己的狗了。

"有一次,在英国我遇到一个牧羊人,我很真诚地赞美他那只又大又聪明的牧羊犬,并且虚心地请教他是如何训练那只牧羊犬的。我离开后再回头一看,发现那只牧羊犬前脚竖起,搭在牧羊人的肩膀上,牧羊人正充满爱意地抚摸着它。我们不过是对那个牧羊人和他的牧羊犬表示出一点点兴趣,就使得那个牧羊人很快乐,也使得那只牧羊犬很快乐,同时也使自己的心情变得愉悦起来。"

像这样一个会跟红帽子握手,会对在闷热的厨房工作的厨师表示同情,会告诉他人喜欢他们的狗的人,怎么会对他人充满怨恨,或者会对自己满怀忧虑而需要心理医生治疗呢?不可能!当然不可能!有句俗语说得好:"授人玫瑰,手留余香。"

如果你是一位男士,可以跳过这一段,也许这对你没有太大的意义。这里讲的是一个满怀忧虑,闷闷不乐的女孩如何使好几个男人向她求婚的故事。故事里的那个女孩现在已做了祖母。几年前,我到她居住的小镇上演讲,曾经到她家中做客。演讲完的第二天早晨,她开车送我到20多千米以外的车站,从那里再转车到纽约中央车站去。一路上我们谈起如何交友的话题,她对我说:"卡耐基先生,我想告诉你一件我从来没有跟任何人谈起的事情,连我丈夫也不了解。"她出生在费城一个穷苦家庭里,"我的少女时代是如此悲惨,由于家里贫穷,无法像其他女孩子那样拥有那么多值得快乐的东西。衣服的质量很低劣,样式很落伍,而且我长得太快,衣服总是不合身。对此我一直觉得很没面子,内心充满了屈辱,常常躲在被窝里哭泣。绝望之余,我想到了一个办法,在参加晚宴时,总是请男伴告诉我关于他自己的人生经验、未来的计划以及对一些事情的看法。之所以反复地问这些问题,并不是因为我对他们有特别的兴趣,而是避免男伴们注意我那些难看的衣服。可是,奇怪的事情发生了,在与这些男伴谈天,并且对他们有更多的了解后,我突然对他们的谈话产生了兴趣,甚至忘记了自己的衣着问题了。可更令我吃惊的是,我耐心的倾听,使那些男孩勇于畅谈自己的事情,并且使他们变得非常快乐,我也渐渐成为周围最受欢迎的女孩子之一,甚至同时有三个男孩向我求婚。"

如果我们想"为他人改善一切"——如同德莱塞所宣扬的那样——那么就让我们赶快去做吧,不要浪费时间。"这条路我只会经过一次,所以我所能做到的任何好事和我所能表现出来的任何仁慈,都现在就做到吧。让我既不拖延,也不忽视,因为我不会再经过这条路了。"

所以,如果你想消除忧虑,培养平和与幸福的心情,试着告诉自己:对别人感兴趣而忘掉你自己,每一天都做一件能让别人快乐而微笑的好事。

大师金言

为他人改善一切。让我们赶快去做吧,不要浪费时间。

第二十二章
自卑并不能解决问题

过度的忧虑和自卑会使人变成一个怯懦无为的人,大声地告诉自己:"我要改变自己!"你就会获得勇气和自信。

卡耐基人性的优点经典全集

美国参议员埃玛·托马斯给我们讲述了他的故事：

我 16 岁时，经常为忧虑、恐惧、自卑所苦。相对我的年龄来说，我长得实在太高太瘦，就像根竹竿——高 6.2 英尺，体重只有 180 磅。瘦弱的我，根本不能在棒球场或田径场和别的男孩对抗，他们嘲笑地叫我"瘦竹竿"。我十分忧愁，又很自卑，几乎不敢见人。而我确实很少与人见面，我家的农庄距公路有半公里远，四周全是茂密的森林，我平时七八天都不会见到一个生人，所见到的只有我的母亲、父亲、姐姐和哥哥。

我每时每刻都对自己的身体悲哀地关注，其他任何事情都引不起我的兴趣。如果我这样发展下去，我的忧虑和自卑会让我变成一个怯懦无为的人。我几乎无法想到别的事情，我的难堪与恐惧与日俱增，几乎难以描述。我母亲知道我的感觉，她曾经当过老师，她告诉我说："儿子，你应该去上大学，你的身体不好，但你可以利用你的头脑！"

我知道父母没有能力送我去大学，因此我决定自己努力。那一年冬天，我独自去打猎，设置陷阱，捕捉貂、獾、负鼠。到了春天，我卖掉那些动物的毛皮得到了 4 美元，用这钱我买了两头小猪，主要用玉米喂养。到了第二年秋天，我用它们换来了 40 美元，用于支付我在印第安纳州丹威市中央师范学院上学的费用。每周的伙食费 1.4 美元，房租 0.5 美元。我穿着妈妈给我做的棕色衬衫，我有一套原本是父亲的西服，不过我穿着不合身。脚上的鞋子也是父亲的，那是一双侧边有松紧带的鞋子，但松紧带已经失去了弹力，鞋子又偏大，我穿着不跟脚，走路时常会甩掉。这令我非常难为情，总是自己闷在房间里读书，不愿意和别的同学交往。那时，我最大的愿望就是买一些合身的衣物，让我不再为它感到羞耻。

没过多久，发生了四件事，帮助我摆脱了忧虑和自卑感。其中一件事，给了我勇气、希望和自信，完全改变了我的生活。我把这几件事简单地描述一下。

第一件事，在我进入师范学院的第八周后，参加了一个考试，得了"三等奖"。这意味着我获得了乡村学校的教师资格，虽然只有 6 个月的时效，但这足以说明我的能力，这还是除了妈妈以外第一次有人对我表示

第二十二章 自卑并不能解决问题

信心。

第二件事,位于"欢乐谷"的一所乡村学校的董事会聘用了我,每天薪水 2 美元,一个月 40 美元,这意味着别人对我更有信心。

第三件事,我在领到薪水后,去商店买了合体的衣物,穿上它们我再不会感到羞耻了。即使现在有人白送我 100 万美元,我也不会像当初花几美元买衣服时那么激动。

第四件事,是我生命中最重要的转折点,从那以后,我完全抛开了自卑和忧虑。印第安纳州潘乔镇每年都要举办"普特纳郡博览会",妈妈鼓励我参加其中一项演讲比赛。我甚至没有勇气面对一个人讲话,可妈妈几乎是为我而活——她对我充满期望和信心,这令我决心参加比赛。我只有一个选择——演讲《美国自由艺术》。其实我并不知道什么是自由艺术,我想听众们也并不清楚,于是我将一篇洋洋洒洒的讲稿背诵下来,对着树林和牛群练习了上百遍。我不想让妈妈失望,因此在演讲时倾尽了我的情感——我赢得了第一。听众欢呼起来,而我难以置信。曾嘲笑我是竹竿的男孩们,现在友好地拍着我的肩说:"埃玛,我早知道你很棒!"妈妈搂着我,高兴得流下了眼泪。

我现在回顾过去时可以看得出来,那次演讲比赛获胜,是我人生的转折点。当地报纸在头版对我做了一篇报道,并预测我会大展宏图。在那次比赛中获胜,我成为当地出名的人物,人人皆知。而最重要的是,这件事使我的信心增加了千百倍。我现在很明白,如果没有那次获胜,我恐怕一辈子也不能当选美国参议员。这件事使我豁然开朗,发现了自己甚至不敢妄想的真正潜力。不过,最重要的是,那次演讲比赛的第一名的奖品是中央师范学院为期一年的奖学金。

那时,我渴望多受一点教育,我的生活只有两个主要内容:教书和学习。为了支付我在第博大学的学费,我当过餐厅侍者,当过锅炉工,帮人除过草,当过记账员,假期在麦田和玉米地里忙碌,还挑石子修过公路。

1896 年,我 19 岁,已经做过 28 次演讲的我为威廉·杰林斯·布列恩竞选总统拉选票,也从此萌发了参政的兴趣。因此,进入第博大学后,我

195

就选修了法律和公开演讲两门功课。1899 年,我代表学校参加了与巴特雷学院的辩论赛,辩题是《是否应由人民选举参议员》。后来我又在另外一场演讲比赛中获胜,成为班报和校报的总编。

获得第博大学学士学位后,我接受克雷斯·格里历的建议——但我没到西部去。我去了西南方,来到一个新的地方——俄克拉荷马,并在基俄格、坎曼奇、阿帕基印第安人保留地,申请了一块土地,在罗顿市开办了一家律师事务所。自从俄克拉荷马和印第安区合并为俄克拉荷马州后,我获得了自由党的支持,进入州参议院待了 13 年,之后在州议会待了 4 年。终于在 50 岁那年实现了我此生最大的梦想:从俄克拉荷马被选入美国参议院。那是 1927 年的 3 月 4 日,其后,我一直担任参议员之职。

我诉说往事,并不是想炫耀我一生的成就,如果我真有这样的用意,恐怕人们就不会感兴趣了。我这样做,只是想让那些正被自卑和忧虑困扰的年轻人,从中获得勇气和自信。当年穿着父亲的旧衣物,以及那双快要脱落的大鞋子的我,差点就被烦恼和自卑打垮了。

大师金言

没有任何东西能将你打垮,除非你自己不想战胜自己。

第二十三章

驱逐忧虑的五种办法

有些忧虑根深蒂固地存在于你的思想中,它折磨你,使你失去生活的信心。但忧虑不是不可战胜的魔鬼,一些成功人士的经验是不是值得我们借鉴呢?

卡耐基人性的优点经典全集

忧虑会损害一个人的健康,会使人消沉,甚至失去生活的信心。忧虑是不可战胜的吗?当然不是。菲尔普教授去世前不久,我曾荣幸地在耶鲁大学跟他谈过一个下午,这篇文章是我根据谈话资料整理出来的,谈的是菲尔普教授用来克服忧虑的五种方法。

"第一,我24岁时,眼睛忽然无法看东西,阅读三五分钟后,我的眼睛就像针刺般难受,即使不是看书,眼睛也对光线过分敏感,使我简直不能面对窗户。我求诊过纽约最好的眼科医生,似乎没有一点效果。每天下午4点以后,我就只能坐在墙角的暗处,等着上床就寝了。我十分惊恐,怕就此放弃教学生涯,会到西部去做一名伐木工人。接着发生的一件奇异的事,证明心智的力量可以战胜病痛。在我视力最恶化的那个悲惨的冬天,我接受邀请去给一群大学生演说。演讲厅的天花板上挂着很亮的电灯,刺得我眼睛痛得不得了,坐在台上等待被介绍上前演讲的时候,我只能看着地板。可是演讲的那30分钟内,我一点都没有觉得疼痛,甚

至我直视灯光也不用眨眼。然而,演讲过后,我的眼睛又开始痛起来了。

"于是,我想到只要把注意力集中在某件事上,不只是 30 分钟,说不定是一周,可能眼疾就痊愈了。很显然,心理上的暗示战胜了生理上的病痛。

"后来,有一次,我乘船经过大西洋时又有过一次类似的经验。当时我的腰痛得很厉害,不能走路,要直起腰来,简直痛得要命。即使在那样的状况下,我还是应邀在船上作了 7 场演讲。我一开口说话,所有的疼痛都离开了我的身体,我站得笔直,随意移动,一直讲了一个钟头。演讲结束后,我轻轻松松地走回舱房,有一阵子,我以为自己没事了,不过那只是短暂的,后来腰还是痛。

"这些经验使我深深领悟到,一个人的心理态度是何等重要!也让我体会到享受人生的重要性。所以,现在我把每一天都当作是我目睹的第一天,同时也是最后一天。日常生活也能令我兴奋,而处于兴奋状态的人是不可能作无谓的烦忧的。我热爱我的教学工作,我写过一本书,书名为《教学的乐趣》。教学对我而言,绝不只是一种职业,甚至不只是艺术,它是一种热情。我爱教学,正如同画家热爱绘画或歌唱者热爱唱歌一样。我早上一醒来,就先想到我那班可爱的学生。我一直觉得成功的人生来自于'热忱'。

"第二,我还发觉阅读一本可以沉迷其中的书,也能克服忧虑。我 59 岁时,有一阵漫长的精神崩溃,我开始阅读大卫·威尔逊的伟大著作《卡莱尔的一生》。我完全被这本书所吸引,渐渐忘却了自己意气消沉,也因此忘记了我精神上的消沉。

"第三,另一次我感到消沉时,我强迫自己每个小时都保持体能上的忙碌。每天早上,我打五六回合网球,冲个澡,午餐后,每天下午都玩 18 个洞的高尔夫球。周五晚上,我跳舞跳到凌晨一点。我很相信所有的沮丧和忧虑都会随着汗水流逝。

"第四,我很早就学会如何避免匆忙,不在紧张的心情下工作。我一直遵循韦伯·克罗斯的生活哲学。当克罗斯担任康涅狄格州长时,他曾

告诉我:'有时我觉得事情多得一下子处理不了,我就坐下来休息,抽我的烟斗,整整一个小时,什么事都不做。'

"第五,我同时也学会了用时间和耐心来解决很多问题。当我烦心某件事时,我试着从正面的角度来看这些烦恼。我自问:'两个月后,我就不会担心这件事了,那又何必现在来担心?何不让自己现在就换上两个月后的态度呢?'"

拳击手杰克·德普塞也发现世界上最难对付的就是忧虑,但是,他明白,在他的拳击生涯中,要想战胜自己就必须控制这种心态,不然自己的能力会大打折扣,不能取得最佳成绩。为此,他给自己制定了一些规则,以下就是其中的部分:

"第一项规则是,要在比赛中始终保持勇气。为此我不断地鼓励自己。比如:当我的比赛对手是弗珀时,我一直在心里对自己说:'谁也打不过我!他打不倒我!他的拳头伤不着我!'不管怎么样,我都要狠狠地教训他!我不会受伤,我不停地激励自己,勇气和信心也随之增强,这对我帮助非常大,就连他的拳头打到我时,我也浑然不觉。在我的拳击生涯中,曾经被打裂过嘴唇,眼睛被打伤过,肋骨也被打断过好几次,有一次,我还被弗珀一拳打得飞出场外,直直地扑到台下一位记者的打字机上,把打字机压得稀巴烂。但我并没有感觉到弗珀的拳头,我在比赛中不曾感觉到任何人的拳头——除了唯一的那次,李斯特·琼森一拳就打断了我的三根肋骨。那一拳并没把我击倒,却让我没办法呼吸了。我可以坦白地说,除了那次,我在比赛中从未对任何一拳有过知觉。

"另一个规则是:我一直提醒自己,忧虑有百害而无一利。我的大部分烦恼都出现在我参加重要比赛之前,那正是我加大训练强度的时期。我常常午夜梦转,烦躁不安,一连几小时都无法安然入睡。我忧虑的是自己会不会在第一回合就被对方打断手或摔断脚,或者把我的眼睛打伤,这样我就无法尽情发挥攻势。我一旦发现自己开始忧虑,就赶紧跳下床,盯着镜子里的自己,责骂自己一顿:'你真够蠢的,居然为还没发生并且可能永远不会发生的事情愁眉苦脸!人的生命是短暂的,你只有几年可活,你要充分享受你的黄金时光.'我还会告诉自己说:'最重要的就是你的健康,没什么比你的健康更值得你关注了!'我告诫自己,不要让忧虑和失眠损害自己宝贵的健康。我不停地告诉自己,很快我就发现,当这些理念根深蒂固地驻扎在我心底时,忧虑和烦恼就被赶跑了。

"第三项规则,也是行之有效的方法——祈祷!在比赛前训练期间,以及每一次比赛的时候,在新一回合的铃声敲响之前,我都会虔诚地祈祷,那会给我注入无尽的信心和勇气,继续勇往直前。"

大师金言

忧虑并非是不可战胜的,很多成功人士都是通过自己的努力,战胜了忧虑的心魔,最终站在了人生的制高点上。